高等职业教育园林类专业系列教材

U0281793

园林植物识别与应用 第3版

YUANLIN ZHIWU SHIBIE YU YINGYONG

主　编　王友国　庄华蓉
副主编　赵大华　陈　锋
　　　　黄红艳　唐世伟
主　审　孙立平

重庆大学出版社

内容提要

本书以园林植物的主要用途为主线,将常见园林植物分作裸子植物乔木类、灌木类、藤蔓类、竹类、棕榈类、一二年生草本花卉、宿根花卉、球根花卉、水生花卉、仙人掌及多浆植物和兰科花卉 12 大类别,着重介绍每种植物的中文名称、拉丁学名、科属、别名、识别特征、分布习性、繁殖栽培及园林用途等内容,并配以清晰图片。本书图文并茂、内容翔实、通俗易懂,涵盖当前城市园林绿化中常用园林植物。本书配有教学课件,可扫封底二维码查看,并在电脑上进入重庆大学出版社官网下载。书中还有 93 个二维码,可扫码学习。

本书适合应用型本科、高职高专的园林、园艺、环境艺术及其相关专业的学生学习使用,也可以供园林行业从业人员及对园林植物有兴趣的爱好者学习参考。

图书在版编目(CIP)数据

园林植物识别与应用/王友国,庄华蓉主编. -- 3
版. -- 重庆:重庆大学出版社,2021.7(2023.7 重印)
高等职业教育园林类专业系列教材
ISBN 978-7-5624-9231-3

Ⅰ.①园… Ⅱ.①王… ②庄… Ⅲ.①园林植物—识
别—高等职业教育—教材 Ⅳ.①S688

中国版本图书馆 CIP 数据核字(2021)第 020095 号

园林植物识别与应用
第 3 版

主　编　王友国　庄华蓉
副主编　赵大华　陈　锋
　　　　黄红艳　唐世伟
主　审　孙立平
策划编辑:何　明

责任编辑:何　明　　版式设计:莫　西　何　明
责任校对:关德强　　责任印制:赵　晟

*

重庆大学出版社出版发行
出版人:陈晓阳
社址:重庆市沙坪坝区大学城西路 21 号
邮编:401331
电话:(023) 88617190　88617185(中小学)
传真:(023) 88617186　88617166
网址:http://www.cqup.com.cn
邮箱:fxk@ cqup.com.cn(营销中心)
全国新华书店经销
重庆长虹印务有限公司印刷

*

开本:787mm×1092mm　1/16　印张:17.75　字数:456 千
2015 年 10 月第 1 版　2021 年 7 月第 3 版　2023 年 7 月第 7 次印刷
印数:17 501—22 500
ISBN 978-7-5624-9231-3　定价:72.00 元

编委会名单

编写人员名单

主　编　王友国　重庆城市管理职业学院

　　　　庄华蓉　重庆城市管理职业学院

副主编　赵大华　私立华联学院

　　　　陈　锋　重庆自然博物馆

　　　　黄红艳　重庆艺术工程职业学院

　　　　唐世伟　重庆和汇家园艺工程有限公司

参　编　胡　彧　深圳职业技术学院

　　　　蔡京勇　湖北生态工程职业技术学院

主　审　孙立平　重庆市城市管理局

再版前言

常见园林植物的识别与应用是高职高专园林园艺类专业合格毕业生必须具备的核心技能之一,其在园林园艺类专业人才培养中有举足轻重的作用。《园林植物识别与应用》作为该类课程的配套教材,自2015年10月第1版、2018年8月第2版出版以来,在全国各高职院校广泛使用,已多次重印,受到园林行业企业专家的认可,广大高职院校师生的喜爱,同时也收到一些热心读者反馈的意见与建议。

为进一步提高本教材质量,在深入走访调研园林行业、企业,了解企业对毕业生要求的基础上,参照职业标准、技能素质要求,确保本教材具有较强实用性、科学性、创新性,满足园林园艺类专业教学对园林植物分类、识别与应用需求的基础上,对该教材进行了修订、完善。

此次再版,在保持原教材"内容体系科学合理,符合高职学生认知规律""教材全真彩色印刷,符合学生学习习惯"等优点的基础上,教材编写组坚持与时俱进,坚持科学严谨,结合园林植物分类学研究的最新进展,对第2版中部分植物的拉丁文学名、通用中文名称与别名及其他信息等进行了修订,并增加、更换了部分植物的照片,确保全书的植物照片拍摄角度选取更佳、照片的拍摄质量与清晰度更高。同时,课程组还积极制作微课视频、音频百余个,以二维码的形式嵌入教材中。此外,本教材还在重庆智慧职教平台建设有配套的在线开放课程"园林植物识别与应用",每年开课2期,满足读者学习需要。

本教材由孙立平担任主审,王友国、庄华蓉担任主编,赵大华、陈锋、黄红艳、唐世伟担任副主编,胡彧、蔡京勇参编。全书由王友国统稿,并编写项目1、项目2、项目3;王友国、黄红艳、胡彧、蔡京勇编写项目4、项目5;庄华蓉编写项目6、项目7、项目8、项目9、项目10;赵大华编写项目11、项目12;陈锋、唐世伟参与部分内容的编校工作。

此外,本教材中少部分图片源自互联网,在此向原作者付出的辛勤劳动表示感谢。同时,本书再版过程中还得到教育部高校学生司第二期供需对接就业育人项目"园林工程技术专业学生CAE创新能力培养与教学实践"(编号:20230104158)和重庆市教育委员会科研项目"西部(重庆)科学城园林植物物种资源调查研究"的资助,并将全书所引文献列入书后参考文献中,在此一并致谢!

由于编者学识有限,书中难免错误、遗漏之处,敬请读者不吝指教!

编　者
2021年5月

目　录

1 裸子植物

1.1 银杏科

银杏

银杏 *Ginkgo biloba* Linn. ，银杏科银杏属

【别名】白果树、公孙树、鸭掌树。

【识别特征】落叶大乔木，胸径可达 4 m，幼年及壮年树冠圆锥形，老则广卵形；幼树树皮近平滑，浅灰色，大树之皮灰褐色，不规则纵裂，粗糙；枝近轮生，斜上伸展，且雌株的大枝常较雄株更为开展；叶扇形，有多数叉状并列细脉，长枝上辐射状散生、短枝上 3~5 枚呈簇生状，叶柄细长，秋季落叶前变为黄色；雌雄异株，单性。雄球花荑荑花序状，下垂。雌球花具长梗，梗端常分叉，每叉有一胚珠发育成种子；果实椭圆形、长倒卵形、卵圆形或近圆球形，径约 2 cm，被白粉。4 月开花，10 月果实成熟。

【分布习性】曾广泛分布于北半球的欧、亚、美洲等地，后因地史变迁仅分布于中国的银杏幸存。经引种，银杏现已经广泛分布于亚、欧、美及大洋洲等地；银杏为阳性树，不耐积水，较耐旱。对土壤要求不严，喜湿润而排水良好的深厚土壤，但以中性或微酸土壤最适宜。银杏的变种、变型及品种较多，常见有较高观赏价值的主要有：黄叶银杏（f. *aurea* Beissn.）、塔状银杏（f. *fastigiata* Rehd.）、大叶银杏（cv. *lacinata*）、垂枝银杏（cv. *pendula*）、斑叶银杏（f. *variegata* Carr.）等。

【繁殖栽培】银杏以播种、扦插、嫁接繁殖为主，也可分株繁殖。播种繁殖宜将种子砂藏层积处理至次春进行。扦插、嫁接、分株等营养繁殖能有效提早银杏的花果期。

【园林应用】银杏生长较慢，寿命极长，是现存种子植物中最古老的子遗植物，有活化石之美誉。银杏树体高大挺拔，适应能力很强，春夏时节绿叶清新秀丽，秋季则叶色金黄，园林中适宜作行道树、庭荫树、独赏树、秋景树以及风景林等，也可制作盆景。

图 1.1　银杏（秋季）　　　　　　　　　图 1.2　银杏（夏季）

图 1.3　银杏（雄球花）

图 1.4　银杏（果实）

1.2　苏铁科

苏铁

苏铁 *Cycas revoluta* Thunb. ，苏铁科苏铁属

【别名】铁树、辟火蕉、凤尾蕉、凤尾松、凤尾草。

【识别特征】常绿，干粗壮直立，色棕黑，极少分枝，灌木至乔木状均有。大型羽状复叶，丛生于茎的顶端，羽片线形，数量可达百对以上，色浓绿，厚革质，有光泽，质地坚硬，边缘向下弯曲。雌雄异株，球花单生枝顶；小孢子叶球圆锥状（图 1.5），大孢子叶球圆球状（图 1.6），种子核果状，成熟时朱红色（图 1.7）。

【分布习性】喜温暖湿润、通风、排水良好环境，能耐 0 ℃左右短暂低温。可耐半阴，不耐暴晒。根肉质不耐涝。对土壤要求不严，但以肥沃、微酸性的砂质土壤好。生长缓慢，在正常情况下茎干每年只长 1～2 cm，寿命长约 200 年。

【繁殖栽培】苏铁以播种、分蘖繁殖为主。播种繁殖可随采随播，也可砂藏翌年春播。分蘖繁殖宜选择 3 年以上生长发育充实的蘖芽进行。

【园林应用】苏铁树形古朴,体形优美,主干粗壮,坚硬如铁,四季常青,是优美的观赏树种,尤其适宜在中心花坛、广场等公共场所种植,也可盆栽,装饰室内或大型会场。

图 1.5　苏铁(小孢子叶球)

图 1.6　苏铁(大孢子叶球)

图 1.7　苏铁(种子)

图 1.8　苏铁

1.3　泽米铁科

鳞秕泽米 Zamia furfuracea Ait. *,泽米铁科泽米铁属*

【别名】墨西哥铁、美洲苏铁。

【识别特征】常绿灌木,主干高 15～30 cm,单干或有分枝,多头型丛生状,粗壮,干表密被暗褐色叶痕。易产生吸芽。偶数羽状复叶,小叶长椭圆形,7～12 对。雌雄异株,雄花序松球状,雌花序似掌状。

图 1.9　鳞秕泽米

【分布习性】原产于墨西哥,我国引进栽培。美洲苏铁喜阳,在温暖、湿润和通风良好的环境下生长良好。耐寒力较强,喜疏松、肥沃土壤,怕积水。生长缓慢,株形稳定。

【繁殖栽培】播种、分株繁殖。播种繁殖时,种子在30 ℃左右的较高温度下较易发芽。分株繁殖可在早春或秋季分割吸芽作插穗,扦插于干净河沙中,待其生根后上盆栽植即可。

【园林应用】美洲苏铁株形优美,叶片排列有序,常年青翠,可丛植点缀草坪,也可盆栽观赏等。

1.4　南洋杉科

南洋杉 *Araucaria cunninghamii* Sweet,**南洋杉科南洋杉属**

【别名】尖叶南洋杉、鳞叶南洋杉。

【识别特征】常绿大乔木,高可达60~70 m,胸径达1 m以上。幼树呈整齐的尖塔形,老树呈平顶状。主枝轮生,平展,侧枝平展或稍下垂;叶螺旋状互生或交叉对生,基部下延生长。二型叶,即侧枝及幼枝之叶多呈针状,质软,开展,排列疏松,老枝之上的叶则密聚,披针形或三角状钻形;雌雄异株,罕同株。雄球花圆柱形,单生或簇生叶腋或枝顶,雌球花单生枝顶,椭圆形或近球形;球果2~3年成熟,卵形,种子无翅。

图1.10　南洋杉　　　　　　　　　　　　图1.11　南洋杉应用

【分布习性】原产大洋洲东南沿海地区,现各地广泛栽培。南洋杉生长迅速,再生能力强,易生萌蘖。其性喜暖热、湿润之气候,不耐干燥及寒冷,喜生于肥沃土壤,较耐风。

【繁殖栽培】南洋杉多播种繁殖为主,也可扦插、压条繁殖。播种繁殖因种皮坚实、发芽率低,宜提前刻破种皮,以利发芽。扦插繁殖宜选择主枝作插穗,春、夏季均可进行,插后确保18~25 ℃及较高空气湿度,约4个月可生根。

【园林应用】树体高大挺拔,姿态优美,宜独植为园景树、纪念树,也可作行道树。南洋杉还是珍贵的室内盆栽装饰树种。

1.5 松 科

1）铁杉 Tsuga chinensis（Franch.）Pritz.，松科铁杉属

【别名】华铁杉、仙柏等。

【识别特征】常绿大乔木，高可达 50 m，胸径
1.6 m；冠塔形，大枝平展，枝梢下垂；树皮暗灰色，
纵裂，成块状脱落；一年生枝淡黄、淡褐黄或淡灰黄
色，叶枕凹槽内有短毛。叶条形，花期 4—5 月，球
果当年 10 月成熟。

【分布习性】国内西南、西北等地有分布，尤以海拔
1 000～3 000 m 之气候温凉湿润，酸性黄壤及黄棕
壤地带为甚。铁杉根系发达，抗倒伏能力强，生长
慢、寿命长，较耐阴，尤其幼树畏强光照射。

图 1.12　铁杉

【繁殖栽培】播种繁殖为主，也可扦插繁殖。

【园林应用】铁杉干直冠大，巍然挺拔，枝叶茂密整齐，壮丽可观，可孤植、丛植，也可用于营造风
景林、盆栽观赏等。

2）银杉 Cathaya argyrophylla Chun et Kuang，松科银杉属

图 1.13　银杉

【识别特征】常绿乔木，树皮暗灰色，老时则裂
成不规则的薄片。大枝平展，小枝节间的上端
生长缓慢、较粗。叶近条形，被柔毛。正面绿
色，背面沿中脉两侧具极显著的粉白色气孔
带。叶长 4～6 cm、宽 2～3 mm，螺旋状着生，
在枝上端排列紧密，成簇生状，在枝下侧疏散
生长。球果成熟前绿色，熟时由栗色变暗褐
色，卵圆形、长卵圆形或长椭圆形，长 3～5 cm，
径 1.5～3 cm。

【分布习性】银杉主要分布于气候较为温暖湿
润的中亚热带。银杉喜光、喜雾、耐旱、耐瘠薄
土地。有较强的耐寒能力，能忍受 −15 ℃低温。

【繁殖栽培】银杉以播种繁殖为主，也可扦插繁殖、压条繁殖，但成活率甚低。

【园林应用】稀有树种，现存资源不多，宜加强保护。园林中可作行道树、庭荫树、风景林等。

3）雪松 Cedrus deodara（Roxb.）G. Don，松科雪松属

雪松

【别名】香柏、喜马拉雅杉、喜马拉雅雪松。

【识别特征】常绿乔木，树冠圆锥形；树皮灰褐色，鳞片状裂；大枝不规则轮生，平展；叶针状，灰
绿色，短枝顶聚生 20～60 枚；雌雄异株，少数同株。

【**分布习性**】原产喜马拉雅山西部,现在长江流域一带多有栽培。阳性树,有一定耐阴、耐寒力;耐旱力较强,对土壤要求不严,忌积水;抗污染能力不强,畏烟尘,SO_2 使幼叶迅速枯萎;速生树种,年均高生长 50～80 cm。

【**繁殖栽培**】播种、扦插繁殖为主。播种繁殖宜春播,幼苗期需注意遮阴,翌年春季即可移植。扦插繁殖春、夏两季均可进行。

【**园林应用**】雪松高大挺拔,树形美观,宜孤植于草坪中央、广场中心或主要建筑物两旁或出入口等处,也可种植于园路两旁以及休闲绿地、大广场等。

图 1.14　雪松(枝叶)

图 1.15　雪松

五针松

4)**五针松 *Pinus parviflora* Sieb. et Zucc. ,松科松属**

【**别名**】日本五针松、日本五须松。

图 1.16　五针松(叶)

图 1.17　五针松

【**识别特征**】常绿乔木,叶针状,长 3～5 cm,细弱而光滑,常 5 针 1 束生于枝顶或侧枝上。皮灰褐色,老干有不规则鳞片状剥裂,内皮赤褐色,一年生小枝淡褐色,密生淡黄色柔毛;花期 5 月,球花单性同株。球果卵圆形,翌年 10—11 月成熟。

常见栽培的有银尖五针松(cv. *alb-terminata*)、短叶五针松(cv. *brevifolia*)、龙爪五针松(cv.

tortuosa)、斑叶五针松(cv. *variegata*)等。

【分布习性】原产日本,现我国长江流域有栽培,尤以盆景居多。阳性树,稍耐阴;喜生于土壤深厚、排水良好而适当湿润之处,阴湿之处生长不良。生长速度缓慢。

【繁殖栽培】播种繁殖为主,也可扦插、嫁接繁殖等。嫁接繁殖多以黑松作砧木。

【园林应用】五针松姿态端庄,观赏价值极高,既适合庭园点缀布置,或与山石配置形成优美园景,也是制作盆景、桩景的优良素材。

5)马尾松 *Pinus massoniana* Lamb.，松科松属

【别名】青松、山松。

【识别特征】乔木,高可达45 m,树皮红褐色,下部灰褐色,裂成不规则的鳞状块片;枝平展或斜展,树冠宽塔形或伞形;叶2针1束,偶见3针1束,长12~20 cm,细长柔软,微扭曲,两面有气孔线,边缘有细锯齿;花期4~5月,雄球花淡红褐色,圆柱形,弯垂,长1~1.5 cm,聚生于新枝下部;雌球花单生或2~4个聚生新枝近顶端,淡紫红色;球果卵圆形或圆锥状卵圆形,有短梗,下垂,成熟前绿色,熟时栗褐色,次年10—12月成熟。

图1.18 马尾松(雄球花)   图1.19 马尾松

【分布习性】分布于秦岭淮河以南广大地区,是国产松属中分布最广的一种。性喜温暖、湿润气候,强阳性树种,幼苗不耐荫蔽。根系发达,主根明显,对土壤要求不严格,喜微酸性土壤,但怕水涝,不耐盐碱,极耐瘠薄土地。

【繁殖栽培】马尾松以播种繁殖为主,也可扦插繁殖,但生根较困难。播种繁殖宜早春进行,条播为佳。

【园林应用】马尾松高大雄伟,姿态古奇,适应性强,抗风力强,耐烟尘,适宜山涧、谷中、岩际、池畔、道旁配置和山地造林。也适合在庭前、亭旁、假山之间孤植。长江流域及以南地区自然风景区和普遍绿化及荒山造林先锋树种。

6)白皮松 *Pinus bungeana* Zucc. et Endl，松科松属

白皮松

【别名】白骨松、三针松、虎皮松、蟠龙松。

【识别特征】常绿乔木,树冠宽塔形至伞形;主干明显或近基部分叉;幼树树皮灰绿色平滑,成年

树皮不规则薄片脱落,内皮灰白色,外皮灰绿色;针叶粗硬,3 针 1 束,叶鞘早落。球果锥状。

【分布习性】我国特有树种。广泛分布于我国华北、西北、华东等地,长江流域也有栽培。阳性树种,耐旱、耐寒,稍耐阴,耐瘠薄土壤及较干冷的气候;在气候温凉、土层深厚、肥沃的钙质土生长良好。病虫害少,对 SO_2 及烟尘有较强抗性。

【繁殖栽培】白皮松以播种繁殖为主,也可以油松为砧木进行嫁接繁殖。

【园林应用】树姿优美,树皮奇特,可孤植、对植于庭院中,也可丛植成林或作行道树等。

图 1.20　白皮松(针叶)　　　　　　　　图 1.21　白皮松

7) 金钱松 *Pseudolarix amabilis* (J. Nelson) Rehd. ,松科金钱松属

【别名】水树、金松。

图 1.22　金钱松(叶)　　　　　　　　图 1.23　金钱松(秋季)

【识别特征】落叶乔木,高可达 40 m。树干通直,树皮粗糙,灰褐色,不规则鳞片状脱落块片;枝平展,树冠宽塔形;幼长枝淡红褐色或淡红黄色,老枝及短枝呈灰色、暗灰色或淡褐灰色;短枝生长慢。叶条形,柔软,镰状或直,短枝之叶簇状密生,平展成圆盘形,秋后叶呈金黄色。雄球花黄色,圆柱状,下垂,雌球花紫红色,直立,椭圆形,有短梗。球果卵圆形或倒卵圆形。花期 4 月,球果 10 月成熟。

【分布习性】我国江苏、浙江、福建、安徽以及华东、西南等地有分布。金钱松生长较快,喜温暖、多雨、土层深厚、肥沃、排水良好的酸性土环境。喜光、稍耐荫蔽,略耐寒。

【繁殖栽培】金钱松扦插、播种繁殖均可。播种繁殖多在春季进行,扦插繁殖则春秋均可。

【园林应用】树姿优美,叶在短枝上簇生,辐射平展成圆盘状,似铜钱,且深秋叶色金黄,美丽大方,观赏价值极高。园林中可孤植、丛植、列植或用作风景林,也可制作盆景。

8) 黑松 Pinus thunbergii Parl. ,松科松属

【别名】白芽松、日本黑松。

【识别特征】常绿大乔木,高可达 30 m;幼皮暗灰色,老则灰黑色,粗厚,裂成块片脱落;枝条开展,树冠宽圆锥状或伞形;冬芽银白色,圆柱状椭圆形或圆柱形。叶 2 针 1 束,深绿色,粗硬,长 6 ~ 12 cm;雄球花淡红褐色,圆柱形,聚生于新枝下部;雌球花单生或 2 ~ 3 个聚生于新枝近顶端,直立,有梗,卵圆形,淡紫红色或淡褐红色。球果成熟前绿色,熟时褐色,圆锥状卵圆形或卵圆形。花期 4—5 月,种子次年 10 月成熟。

【分布习性】原产日本及朝鲜等地。我国东北、华北、华东等地有栽培。黑松喜光,耐干旱瘠薄,不耐水涝,较耐寒,耐海雾,抗海风,尤适生于温暖、湿润的海洋性气候区域之土层深厚、疏松,且含有腐殖质的砂质土壤处生长。

图 1.24   黑松   图 1.25   黑松(盆景)

【繁殖栽培】播种繁殖为主,也可压条繁殖、扦插繁殖,但成活率较低。

【园林应用】黑松生长慢,寿命长,抗病虫能力强,四季常青,是著名的海岸绿化树种,可作防风、防潮、防沙林带及海滨浴场附近的风景林,也可作行道树、庭荫树等。此外,黑松也是培育桩景、盆景的优良素材,观赏价值甚高。

9) 油松 Pinus tabuliformis Carrière,松科松属

【别名】短叶松、短叶马尾松、红皮松。

【识别特征】常绿大乔木,高可达 25 m,胸径可达 1 m 以上;树皮灰褐色,不规则较厚的鳞状块片裂;枝平展或向下斜展,老树树冠平顶。小枝较粗,黄褐色,幼时微被白粉;冬芽矩圆形,顶端尖,芽鳞红褐色。叶 2 针 1 束,粗硬,长 10 ~ 15 cm;球果卵形至卵圆形,有短梗,向下弯垂,成熟前绿色,熟时淡黄色或淡褐黄色,常宿存数年之久;花期 4—5 月,球果次 10 月成熟。

【分布习性】中国特有树种,我国东北、华北、华东、西北等地有栽培。喜光、深根性树种,适生于冷凉、干燥气之土层深厚、排水良好的酸性、中性土壤中。

【繁殖栽培】播种繁殖,宜早春进行,播前温汤浸种催芽,可提高出苗率。

【园林应用】油松挺拔苍劲,四季常春,不畏风雪严寒,宜作行道树、庭荫树等,也可独植、丛植、纯林群植,或营造风景林等。

图 1.26　油松（球果枝）

图 1.27　油松

1.6　杉　科

1）杉木 *Cunninghamia lanceolata*（Lamb.）Hook.，杉科杉木属

【别名】沙木、沙树、刺杉。

图 1.28　杉木（叶）

图 1.29　杉木

【识别特征】常绿乔木,高可达 30 m,树冠尖塔形至圆锥形。树皮灰褐色,裂成长条片脱落,内皮淡红色;大枝平展,小枝近对生或轮生,幼枝绿色,光滑无毛;叶披针形或条状披针形,镰状,革质、坚硬、深绿而有光泽;球果卵圆至圆球形,熟时棕黄色;花期 4 月,果 10—11 月成熟。

【分布习性】国内广泛分布,尤以长江流域、秦岭以南各地栽培为多。杉木生长快,干性强,寿命可达 500 年以上。杉木喜肥嫌瘦、畏盐碱地,最喜微酸土壤,但在微碱性土壤也能生长。杉木根系强大,易生不定根、萌芽更新力强。常见栽培有灰叶杉木('Glauca')、软叶杉木('Mollifolia')等变种。

【繁殖栽培】杉木以播种繁殖为主,也可扦插繁殖。播种宜初春进行,撒播即可。

【园林应用】树体高大、主干端直,最适宜园林中群植成林丛或列植道路旁,也可营造风景林等。

2)墨西哥落羽杉 *Taxodium mucronatum* Tenore,杉科落羽杉属

【别名】墨西哥落羽松。

图1.30 墨西哥落羽杉(叶) 　　　　图1.31 墨西哥落羽杉

【识别特征】半常绿或落叶乔木,在原产地高可达 50 m,胸径可达 4 m;树干尖削度大,基部膨大;树皮裂成长条片脱落;枝条水平开展,形成宽圆锥形树冠。叶条形,扁平,排列紧密,呈二列、羽状。雄球花卵圆形,近无梗,组成圆锥花序状。球果卵圆形。

【分布习性】原产于墨西哥及美国西南部,现国内江苏、浙江、上海、湖北、四川、重庆等地有引种。喜光,喜温暖、湿润的气候,耐水湿,耐寒,对耐盐碱土适应能力强。生长速度较快。

【繁殖栽培】播种繁殖为主,也可扦插繁殖。播种繁殖多春季进行,扦插繁殖则软枝扦插、硬枝扦插皆可。

【园林应用】墨西哥落羽杉枝繁叶茂,落叶期短,生长快,树形高大挺拔,可孤植、对植、丛植和群植,也可列植作行道树。

3)水杉 *Metasequoia glyptostroboides* Hu et W. C. Cheng,杉科水杉属

水杉

【别名】活化石、梳子杉。

【识别特征】落叶乔木,高可达 35 m,干基部多膨大。幼树树冠尖塔形,老树树冠广圆形,枝叶稀疏;树皮灰褐色,呈薄片状或长条状脱落,内皮淡紫褐色;一年生枝光滑无毛,幼时绿色,后渐变成淡褐色。侧生小枝排成羽状,长 4 ~ 15 cm,冬季凋落;叶条形,正面淡绿色,背面色较淡,于小枝上呈羽状排列,冬季与枝同落;近四棱状球形球果下垂,成熟前绿色,熟时深褐色。花期3—4月,球果11月成熟。

【分布习性】原产湖北、重庆、湖南交界一带,现国内外各地广泛栽培。水杉喜光、耐水湿,根系发达,对土壤要求不严,适生于气候温暖、湿润,夏季凉爽,冬季不甚严寒之地。

【繁殖栽培】播种繁殖为主,也可扦插繁殖。播种繁殖宜将种子干藏至次年3月进行,条播、撒

播均可,保持苗床湿润、覆草不宜过厚。扦插繁殖则硬枝扦插、嫩枝扦插均可。硬枝扦插宜3月进行,嫩枝扦插则适宜在5月下旬至6月上旬进行。

【园林应用】水杉有"活化石"之称,园林中适宜列植、丛植、片植等,也可营造风景林。

图1.32　水杉(叶)

图1.33　水杉

4)池杉 *Taxodium distichum* var. *imbricatum*(Nuttall) Croom,**杉科落羽杉属**

【别名】池柏、沼杉。

【识别特征】落叶乔木。树干基部膨大,常有呼吸根。树皮褐色,有沟,长条片状剥落。大枝斜上伸展,小枝直立,红褐色。叶钻形,少数幼枝之叶呈线形,长0.5~1.0 cm,紧贴小枝,在小枝上螺旋状排列。球花单生于枝顶,球果椭圆状,淡褐色,径1~3 cm。花期4月,果10月成熟。

【分布习性】原产美国、墨西哥等地,我国江苏、浙江、广东、湖北、重庆等地有引种。强阳性树种,耐涝、耐旱,不耐阴。喜温暖、湿润环境,稍耐寒,适生于深厚疏松的酸性或微酸性土壤,萌芽力强,生长迅速,抗风力强。

【繁殖栽培】扦插繁殖为主,也可播种繁殖,但播种繁殖发芽率较低。

【园林应用】树形婆娑,枝叶秀丽,秋叶棕褐色,可于水边湿地成片栽植,也可孤植、丛植,或列植作行道树。

图1.34　池杉(果枝)

图1.35　池杉

1.7 柏 科

1）侧柏 *Platycladus orientalis*（Linn.）Franco，柏科侧柏属

【别名】扁柏、黄柏、香柏。

【识别特征】常绿乔木，树冠幼时尖塔形，老则广圆形；皮浅褐色，呈成薄片状剥离。大枝斜出，小枝直展、扁平。叶多鳞片状。雌雄同株，球花单生小枝顶端。球果卵形，熟前绿色、肉质，熟后木质开裂、红褐色。花期3—4月，球果10月成熟。

【分布习性】我国华北、华东、华中、西北、西南各地广泛栽培。喜光，幼时稍耐阴，适应性强，对土壤要求不严。浅根性、耐干旱瘠薄，萌芽能力强，略耐寒。

【繁殖栽培】播种繁殖为主，也可扦插繁殖、嫁接繁殖。侧柏生长缓慢，宜适期早播，以加长其生长期。

【园林应用】可配置于公园、亭园等各型绿地，也可作绿篱、制作盆景等。

图1.36　侧柏（一）

图1.37　侧柏（二）

2）柏木 *Cupressus funebris* Endl.，柏科柏木属

【别名】垂丝柏、柏树、香扁柏、扫帚柏。

【识别特征】常绿乔木，高可达35 m，树冠狭圆锥形。树皮淡褐灰色，裂成窄长条片；小枝细长下垂，圆柱形。球果小、木质。花期3—5月，球果次年5—6月成熟。

【分布习性】国内广泛分布，浙江、江西、四川等地均有栽培。阳性树种，能略耐侧方荫蔽，喜暖热、湿润的气候，不甚耐寒，对土壤适应能力强，耐干旱瘠薄土地，略耐水湿。

【繁殖栽培】播种繁殖为主。春播、秋播均可，播前将选好的种子用40~45 ℃温水浸种约24 h后，捞出催芽，约半数以上种子萌动开口时即可播种。

【园林应用】可于公园、建筑前、陵墓、古迹和自然风景区等地群植成林或列植成甬道等。

3）福建柏 *Fokienia hodginsii*（Dunn）A. Henry et Thomas，柏科福建柏属

【识别特征】乔木，高达17 m；树皮紫褐色，平滑；小枝扁平，排成一平面，2~3年生枝褐色、光滑、圆柱形。球果近球形，熟时褐色，径2~2.5 cm。花期3—4月，种子翌年10—11月成熟。

【分布习性】浙江、福建、江西、湖南、贵州、广西等地有分布。阳性树种，适生于温暖湿润的酸性土壤之中。

图1.38　柏木(一)　　　　　　　　　　图1.39　柏木(二)

【繁殖栽培】播种繁殖为主。播种前对种子消毒,撒播后覆盖稻草,发芽率较高。苗期宜薄肥勤施,增强其抵抗力,防止立枯病等。

【园林应用】树形优美,适应性强,生长较快,有较强的抗风能力,是庭园绿化的优良树种,可孤植、列植、丛植等,也可用于营造风景林。

图1.40　福建柏(一)　　　　　　　　　图1.41　福建柏(二)

4)圆柏 *Juniperus chinensis* Linn.,柏科刺柏属

【别名】刺柏、桧柏。

【识别特征】常绿乔木,高可达20 m。树冠尖塔形或圆锥形,老树则成广圆形。树皮灰褐色,裂成长条状,有时呈扭转状;老枝常扭曲状,小枝直立或斜生,也有略下垂者。二型叶,鳞叶交互对生,多见于老树或老枝上,刺叶常3枚轮生。雌雄异株,少同株,花期4—5月,果次年或第三年

成熟,熟时暗褐色,被白粉。

【分布习性】原产中国东北及华北地区,现各地广泛分布。野生变种及变型较多。喜光也耐阴,耐寒耐热,对土壤要求不严;深根性,侧根也发达,寿命极长。抗多种有毒气体,阻尘隔音效果好。

【繁殖栽培】扦插、压条、播种繁殖均可。扦插繁殖可在6—7月行软枝扦插或9—10月行硬枝扦插。压条繁殖则生长期均可进行,4～6周生根。播种繁殖宜选择新近采收之种子,并行催芽处理。

【园林应用】圆柏幼龄树树冠呈圆锥形,整齐、优美,大树干枝扭曲,姿态奇古,观赏价值高。古时多配植于庙宇陵墓作墓道树或柏林,也可群植草坪边缘作背景,作绿篱以及作行道树、桩景、盆景。

　　园林中常见栽培的尚有其变种塔柏('Pyramidalis')、龙柏('Kaizuka')。

图 1.42　圆柏(球果枝)

图 1.43　圆柏

图 1.44　塔柏

图 1.45　龙柏

5)铺地柏 *Sabina procumbens*(Endl.)Iwata et Kusaka,柏科圆柏属

【别名】爬地柏、匍地柏、偃柏、铺地松、铺地龙。

【识别特征】常绿匍匐小灌木,高约75 cm,冠幅逾2 m。枝干贴近地面伸展,小枝密生。叶均为刺形叶,先端尖锐,3叶交互轮生;球果球形,内含种子2～3粒。

【分布习性】在黄河流域至长江流域广泛栽培。阳性树,耐阴,能在干燥的砂地上生长良好,喜石灰质的肥沃土壤,忌低湿地点。耐寒力、萌生力均较强、寿命长,抗烟尘,对二氧化硫、氯化氢等有害气体抗性较强。

【繁殖栽培】扦插繁殖为主,也可压条繁殖。因其较难获取种子,故较少播种繁殖。扦插繁殖可早春硬枝扦插或夏季软枝扦插。压条繁殖简单易行,但繁殖系数低,仅适合少量繁殖时采用。

【园林应用】在园林中可配植于岩石园或草坪角隅,也可用于缓坡绿化、盆栽观赏等。

图 1.46　铺地柏(一)

图 1.47　铺地柏(二)

6)*砂地柏 Juniperus sabina* Linn. ,*柏科刺柏属*

砂地柏又称为叉子圆柏、新疆圆柏、天山圆柏,与铺地柏识别特征、习性及园林应用高度相似,主要区别在于:砂地柏具二型叶,幼树多刺叶、壮龄树多鳞叶。

1.8　罗汉松科

1)*罗汉松 Podocarpus macrophyllus* (Thunb.) Sweet ,*罗汉松科罗汉松属*

罗汉松

【别名】罗汉杉、土杉、罗汉柏。

【识别特征】常绿大乔木,树皮灰白色,纵浅裂,呈薄鳞片状脱落;叶革质、全缘、条披针形,叶端尖,两面中脉显著隆起,表面暗绿,背面灰绿色,有时被白粉;雌雄异株或偶有同株;种子卵形,生于肉质膨大的种托上,种托熟时深红色,味甜可食,似罗汉披袈裟。花期5月,种熟期10月。

【分布习性】原产于我国,现在长江以南各省区均有分布。喜温暖、湿润和半阴的环境,怕水涝和强光直射,适在热带生长,北方适作盆栽。

【繁殖栽培】播种、扦插繁殖为主,也可压条繁殖。播种繁殖宜随采随播,约2周发芽。扦插繁殖则春秋两季均可进行,春季宜选休眠枝,秋季选半成熟枝条,约2月后可生根。

【园林应用】园景或盆景栽植,门前对植、中庭孤植、绿篱栽植,或于墙垣一隅与假山、湖石配置,也是制作盆景的优秀素材。

图 1.48　罗汉松（果）

图 1.49　罗汉松

2）竹柏 *Nageia nagi*（Thunb.）Kuntze，罗汉松科竹柏属

【别名】罗汉柴、山杉、竹叶柏。

【识别特征】常绿乔木，树皮红褐色或暗红色，近似平滑；枝条开展，冠广圆锥形；叶厚革质，色浓绿，有光泽，背面淡绿色，交互对生或近对生，排成二列。叶脉从叶基向叶尖纵向延伸。花期3—4 月，多雌雄异株，雄花球穗状，常分枝，雌花多单生于叶腋，少数成对腋生；种子 10—11 月成熟，球形。成熟时假种皮暗紫色，有白粉。

【分布习性】原产于我国的江西、福建、广东、湖南、台湾等地。喜温暖湿润的半阴环境，耐阴、怕烈日暴晒，有一定的耐寒性。

【繁殖栽培】播种、扦插繁殖为主，也可压条繁殖。播种繁殖可随采随播，也可春播，每穴播种2 ~3 粒为宜。扦插则软枝扦插、硬枝扦插均可。

【园林应用】枝叶青翠而有光泽，树形美观，适宜作庭荫树、行道树，也可作树篱及盆景等。

图 1.50　竹柏

图 1.51　竹柏（果枝）

1.9　红豆杉科

红豆杉 *Taxus wallichiana* var. *chinensis*（Pilger）Florin，**红豆杉科红豆杉属**

【**别名**】红豆树、紫杉。

【**识别特征**】常绿乔木，高可达30 m。树皮褐色，裂成条片脱落；大枝开展，一年生枝绿色或淡黄绿色，秋季变成绿黄色或淡红褐色；叶条形，螺旋状互生，略微弯曲。雌雄异株，种子扁圆形，假种皮杯状，红色。常见栽培品种有南方红豆杉、东北红豆杉等。

【**分布习性**】华南、华中、西南、西北等地广泛分布。喜阴、耐旱、性喜凉爽、湿润气候，抗寒性强，怕水涝，适于在疏松、湿润、排水良好的砂质土壤种植。

【**繁殖栽培**】红豆杉以播种、扦插繁殖为主，现多地也有组织培养方式繁育苗木。播种繁殖须在种子成熟并采收后及时去除肉质种皮、晾干，随即砂藏层积处理，次春播种。扦插繁殖既可软枝扦插，也可硬枝扦插。

【**园林应用**】红豆杉适应能力强，可作庭荫树、行道树、园景树等，也可以盆栽观茎、观枝、观叶、观果。

图1.52　红豆杉（果枝）　　　　　　　图1.53　红豆杉

2 乔木类被子植物

2.1 木兰科

1）玉兰 *Yulania denudata*（Desr.）D. L. Fu，木兰科玉兰属

【别名】白玉兰、木兰、望春花、应春花、玉堂春。

图 2.1 玉兰（花）

图 2.2 玉兰

【识别特征】落叶乔木，高可达 25 m，枝开展；树皮深灰色，粗糙开裂；小枝稍粗壮，灰褐色；冬芽及花梗密被绢毛。叶纸质，倒卵形，网脉明显；叶柄长 1～2.5 cm；花先叶开放，直立，芳香，直径 10～16 cm；种子心形，侧扁，外种皮红色，内种皮黑色。花期 2—3 月，果期 8—9 月。

【分布习性】原产于我国中部各省，现各地广泛栽培。玉兰性喜光，较耐寒，可露地越冬，喜干燥，忌低湿，适种植于疏松、肥沃、排水良好而微酸性的砂质土壤。对二氧化硫、氯气等的适应能力强，是较好的防污染绿化树种。

【繁殖栽培】播种、扦插、压条或嫁接繁殖均可。播种繁殖，须于蓇葖转红绽裂时即采，早采极难发芽，迟采易脱落。去除净外种皮、晾干种子，砂藏层积处理，翌年早春播种。扦插繁殖多于 5—6 月进行，以幼龄树的当年生枝成活率最高。压条繁殖则四季均可进行。嫁接繁殖常用紫玉兰、山玉兰为砧木，切接、劈接、腹接、芽接均可。

【园林应用】玉兰是我国传统园林特有的名贵园林花木之一,是早春色、香俱全的优秀观花树种。可作庭荫树、行道树等,孤植、丛植均可。

2)荷花玉兰 *Magnolia grandiflora* Linn.,木兰科木兰属

荷花玉兰

【别名】洋玉兰、广玉兰。

【识别特征】常绿乔木,在原产地高达 30 m;树皮淡褐色或灰色,薄鳞片状开裂;小枝粗壮,具横隔的髓心;小枝、芽、叶下面、叶柄、均密被褐色或灰褐色短绒毛(幼树的叶下面无毛)。叶厚革质,椭圆形,长圆状椭圆形或倒卵状椭圆形,长 10 ~ 20 cm,宽 4 ~ 7(10)cm,先端钝或短钝尖,基部楔形,叶面深绿色,有光泽;侧脉每边 8 ~ 10 条;叶柄长 1.5 ~ 4 cm,无托叶痕,具深沟。花白色,有芳香,直径 15 ~ 20 cm;花被片 9 ~ 12,厚肉质,倒卵形,长 6 ~ 10 cm,宽 5 ~ 7 cm;雄蕊长约 2 cm,花丝扁平,紫色,花药内向,药隔伸出成短尖;雌蕊群椭圆体形,密被长绒毛;心皮卵形,长 1 ~ 1.5 cm,花柱呈卷曲状。聚合果圆柱状长圆形或卵圆形,长 7 ~ 10 cm,径 4 ~ 5 cm,密被褐色或淡灰黄色绒毛;蓇葖背裂,背面圆,顶端外侧具长喙;种子近卵圆形或卵形,长约 14 mm,径约 6 mm,外种皮红色。花期 5—6 月,果期 9—10 月。

【分布习性】国内外广泛分布。广玉兰喜光,幼时稍耐阴。喜温湿气候,有一定抗寒能力,忌积水。适生于疏松、肥沃、湿润且排水良好的微酸性或中性土壤。病虫害少,抗有毒有害气体能力强。根系深广,抗风力强。

【繁殖栽培】播种、嫁接繁殖为主。广玉兰种子极易失去发芽力,故宜随采随播,也可春播。嫁接繁殖常以白玉兰、紫玉兰等作砧木,劈接、腹接皆可。

【园林应用】广玉兰树姿雄伟壮丽,叶厚而有光泽,花大而香,可孤植、对植或丛植、群植配置,也可作行道树。

图 2.3 广玉兰(一)

图 2.4 广玉兰(二)

3)黄玉兰 *Michelia champaca* Linn.,木兰科含笑属

【别名】黄兰。

【识别特征】落叶乔木,高可达 10 m。枝斜上展,呈狭伞形树冠;芽、嫩枝、嫩叶和叶柄均被柔毛。叶薄革质,披针状卵形或披针状长椭圆形,先端长渐尖或近尾状,基部阔楔形或楔形,托叶痕长达叶柄中部以上。花黄色,极香,聚合果长 7 ~ 15 cm;花期 6—7 月,果期 9—10 月。

【分布习性】原产于喜马拉雅山一带,现国内东南沿海、西南地区以及长江流域各地零星栽培。黄玉兰要求阳光充足,喜暖热、湿润、微酸性的土壤,不耐寒、不耐旱,忌积水。抗烟能力差。

【繁殖栽培】播种繁殖为主,也可嫁接繁殖。黄玉兰种子较易失去活力,可随采随播,也可春播。

嫁接繁殖可用白玉兰、紫玉兰等作砧木,劈接、腹接皆可。

【园林应用】花香浓郁,树形美丽,为著名的观赏树种。可作庭荫树、行道树、园景树等。

图2.5　黄玉兰(花)

图2.6　黄玉兰

4)**白兰花 *Michelia* × *alba* DC.,木兰科含笑属**

【别名】黄桷兰、白缅花、缅桂花。

图2.7　白兰(花)

图2.8　白兰(花)

【识别特征】常绿乔木,高可达 17 m,枝广展,呈阔伞形树冠;树皮灰色,嫩枝及芽密被柔毛,后渐脱落。叶薄革质,长椭圆形或披针状椭圆形,长 10～25 cm,宽 4～9.5 cm,先端长渐尖或尾状渐尖,基部楔形,网脉明显;花白色,极香;花期 4—9 月,夏季尤盛,常不结实。

【分布习性】黄河流域及以南地区广泛栽培。阳性树,喜温暖、湿润,不耐干旱和水涝,不耐寒,适合于微酸性土壤。

【繁殖栽培】嫁接、压条繁殖为主,也可扦插或播种繁殖。嫁接繁殖可用紫玉兰、黄兰等作砧木,于其生长旺季进行。少量繁殖可行空中压条法。扦插繁殖较难生根,我国栽培之白兰花较难结实,故种子极少。

【园林应用】白兰花株形直立有分枝,花香浓郁,可配置于亭、台、楼、阁前、孤植、丛植、散点植,或作行道树。

5)深山含笑 *Michelia maudiae* Dunn,木兰科含笑属

【别名】光叶白兰、莫夫人玉兰。

【识别特征】常绿乔木,高可达 20 m,各部均无毛;树皮薄、平滑不裂,浅灰色;叶互生、革质、深绿色,叶背淡绿色,被白粉,长圆状椭圆形,长 7 ~ 18 cm,宽 3.5 ~ 8.5 cm,先端骤狭短渐尖。花白色,芳香。聚合果长 7 ~ 15 cm,种子红色,斜卵圆形。花期 2—3 月,果期 9—10 月。

【分布习性】产于浙江、福建、湖南、广东、广西、贵州等地。喜温暖、湿润环境,稍耐寒。喜光,幼时较耐阴。生长快,适应能力,对 SO_2 的抗性较强。根系发达,萌芽力强,适生于土层深厚、疏松、肥沃而湿润的酸性土壤。

【繁殖栽培】播种、嫁接繁殖。播种繁殖可随采随播,也可砂藏层积到次年早春播种。

【园林应用】叶色深绿,花大且洁白美丽,是优秀的庭院花木,可孤植、丛植、片植等。

图 2.9　深山含笑(花)

图 2.10　深山含笑

6)乐昌含笑 *Michelia chapensis* Dandy,木兰科含笑属

【别名】广东含笑、南方白兰花。

【识别特征】常绿乔木,高可达 30 m,胸径 1 m,树皮灰色至深褐色;小枝无毛或嫩时节上被灰色微柔毛。叶薄革质,倒卵形或长圆状倒卵形,长 6.5 ~ 15 cm,宽 3 ~ 6 cm,先端骤狭短渐尖,深绿色,有光泽,网脉稀疏;花淡黄色,花瓣 6 枚,芳香。聚合果长约 10 cm,种子红色,卵形或长卵圆形。花期 3—4 月,果期 8—9 月。

【分布习性】原产广东、广西、湖南、江西等地。喜温暖、湿润的气候,也能耐寒。适宜土壤深厚、疏松、肥沃、排水良好的酸性至微碱性土壤。

【繁殖栽培】播种繁殖为主,也可扦插繁殖,或用山玉兰及醉香含笑作砧木嫁接繁殖。

【园林应用】树干通直,树冠圆锥状塔形,四季深绿,可单植、列植或群植,也可作行道树、营造风景林等。

图2.11　乐昌含笑（叶）　　　　　　　　　图2.12　乐昌含笑

7）鹅掌楸 *Liriodendron chinense*（Hemsl.）Sarg.，**木兰科鹅掌楸属**

【别名】马褂木。

【识别特征】落叶大乔木，高可达 40 m、胸径可达 1 m，树冠圆锥状。一年生枝灰色或灰褐色，叶马褂形，长 10～15 cm，各边 1 裂，向中腰部缩入，叶柄长 4～8 cm；花黄绿色，外面绿色较多而内方黄色较多，花期 4—6 月，果 10 月成熟。

【分布习性】自然分布于长江以南各省，南北各地均有栽培。喜光及温暖、湿润的气候，有一定的耐寒性，喜深厚、肥沃、适湿而排水良好的酸性或微酸性土壤，忌低湿水涝，但干旱土地上生长不良。

【繁殖栽培】扦插、播种繁殖。扦插繁殖时，软枝扦插、硬枝扦插均可。播种繁殖宜人工辅助授粉后，秋季采种精选砂藏至翌春播种。

【园林应用】鹅掌楸树体高大，叶形奇特，尤其适合作行道树、庭荫树种，也可丛植、列植或片植于草坪、公园等处。

图2.13　鹅掌楸（叶）　　　　　　　　　图2.14　鹅掌楸（花）

2.2　樟　科

香樟

1）樟 *Cinnamomum camphora*（Linn.）Presl，樟科樟属

【别名】香樟、樟木、芳樟、油樟、乌樟。

【识别特征】常绿乔木，树冠广卵形，树皮灰褐色，纵裂。叶互生，卵状椭圆形，薄革质，离基三出脉、全缘，两面无毛，背面灰绿色。

【分布习性】香樟主要分布于我国长江以南，尤以江西、浙江、福建、台湾等东南沿海最多，朝鲜、日本也产。部分国家有引种栽培。喜光，稍耐阴；喜温暖、湿润气候，耐寒性不强；较耐水湿，不耐干旱、瘠薄和盐碱地；生长速度中等，寿命长，可达千年以上；抗风，耐烟尘和有毒气体，并能吸收多种有毒气体，较能适应城市环境。

【繁殖栽培】播种、扦插繁殖。播种繁殖前去除种皮、果肉，秋播、春播均可，以春播为好。扦插繁殖则春、夏、秋季均可，春季宜硬枝扦插，夏秋宜软枝扦插。

【园林应用】香樟枝叶茂密，冠大荫浓，树姿雄伟，能吸烟滞尘、涵养水源能力强，广泛用作庭荫树、行道树、防护林及营造风景林等。

图 2.15　香樟（果）

图 2.16　香樟

天竺桂

2）天竺桂 *Cinnamomum japonicum* Sieb.，樟科樟属

【别名】山肉桂、土肉桂、土桂、山玉桂。

【识别特征】常绿乔木，树冠卵状圆锥形，树皮淡灰褐色，光滑不裂，有芳香及辛辣味。小枝无毛，或幼时稍有细疏毛；叶互生或近对生，长椭圆状广披针形，离基3主脉近于平行，背面有白粉及细毛；5月开黄绿色小花，果10—11月熟，蓝黑色。

【分布习性】产于浙江、安徽南部、湖南、江西等地，现各地广泛栽培。中性树种，幼年期耐阴；喜温暖、湿润气候及排水良好之微酸性土壤；中性土壤及平原地区也能适应，但不能积水。抗污染能力强。

【繁殖栽培】同香樟。

【园林应用】长势强健，树姿优美，抗污染能力强，病虫害少，可作行道树、庭荫树、风景林等，孤植、丛植、列植均可。

图 2.17 天竺桂(一)　　　　　　　图 2.18 天竺桂(二)

3）**楠木** *Phoebe zhennan* S. Lee et F. N. Wei, **樟科楠属**

【别名】桢楠。

【识别特征】常绿大乔木,高可达 30 m,树干通直。小枝细,被灰褐色柔毛。叶革质,椭圆形至披针形;聚伞状圆锥花序,花中等大,花梗与花等长,果椭圆形。花期 4—5 月,果期 9—10 月。

【分布习性】华中、华东、华南、西南等地分布较多。喜温暖、湿润气候,根系深光,适生于土层深厚、排水良好的砂质土壤中。

【繁殖栽培】播种、扦插繁殖。桢楠种子寿命短,采收后搓去外果皮、阴干后即可播种,也可砂藏至次年春播。扦插繁殖最适春季进行,也可夏秋季进行。

【园林应用】桢楠经济价值高,也是著名的庭园观赏和城市绿化树种,可作庭荫树、行道树等。

图 2.19 桢楠(叶)　　　　　　　　图 2.20 桢楠

2.3　豆　科

洋紫荆

1) 洋紫荆 *Bauhinia variegata* Linn.，豆科羊蹄甲属

【别名】羊蹄甲。

【识别特征】半常绿乔木，高 5~8 m；树皮暗褐色，近光滑，小枝近无毛。叶近革质，广卵形至近圆形，宽度常超过长度，基部浅至深心形，有时近截形，先端 2 裂，裂片为叶全长的 1/4~1/3，裂片阔，钝头或圆，叶柄长 2~4 cm。总状花序侧生或顶生，较短，花少而大，淡红或淡蓝带红色；果线形，长 15~30 cm。花期 3—4 月为盛，部分地区全年可花，果期 6 月为主。

【变种】白花洋紫荆 var. *candida*（Roxb.）Voigt，花白色。

【分布习性】产于我国福建、广东、海南、云南、广西等地。洋紫荆是热带树种，喜光和温暖、湿润气候，不甚耐寒，冬季气温低于 5 ℃即受冻害。对土壤要求不严，但喜肥厚、湿润的土壤，忌水涝。萌蘖力强，耐修剪。

【繁殖栽培】洋紫荆以扦插繁殖为主，也可播种繁殖或嫁接繁殖，均易成活。扦插繁殖多在春季或梅雨季节进行。

【园林应用】树冠开张，枝繁叶茂。叶形奇特，花大色艳，有香气，是我国南方优良景观树种。园林中适合作行道树、庭荫树等，花开时节，壮观美丽。

图 2.21　洋紫荆　　　　　　　　图 2.22　白花洋紫荆

2) 凤凰木 *Delonix regia*（Boj.）Raf.，豆科凤凰木属

【别名】凤凰树、火树、金凤、红花楹。

【识别特征】高大落叶乔木，高可达 20 m，胸径可达 1 m；树皮粗糙，灰褐色；树冠开展如伞状；二回偶数羽状复叶，长 20~60 cm，具羽片 10~24 对，对生；每羽片有小叶 20~40 对，对生，近长圆

形;伞房状总状花序顶生或腋生,花大而美丽,直径 7~10 cm,鲜红至橙红色,具 4~10 cm 长的花梗;荚果扁平,长 30~60 cm,宽 3.5~5 cm,成熟时黑褐色;种子长圆形,平滑,坚硬,暗褐色;花期 5—6 月,果期 9—10 月。

【分布习性】原产马达加斯加岛及非洲热带地区,现热带地区广泛栽培。我国东南沿海和华南各地有引种栽培。喜光、喜高温,不耐寒,适宜疏松、肥沃、土层深厚且排水良好之土壤。对烟尘有较强抗性。根系发达、生长迅速,有较强的抗风能力。

【繁殖栽培】播种繁殖为主。荚果成熟后取出种子干藏,翌年春季播种。凤凰木种子种皮致密坚硬,播种前宜温水浸种催芽。

【园林应用】凤凰木树体高大挺拔,叶形如羽,初夏开花,花大且艳,满树繁花似火,红花绿叶交相辉映,甚为壮观。园林中多作庭荫树、行道树,是南方地区名贵观赏树木。

图 2.23 凤凰木(叶)

图 2.24 凤凰木

3)皂荚 *Gleditsia sinensis* Lam.,豆科皂荚属

【别名】皂荚树、皂角树。

【识别特征】落叶乔木,高可达 30 m,树冠扁球形;枝灰色至深褐色,刺粗壮,圆柱形,常分枝,多呈圆锥状,长达 16 cm。叶多为一回羽状复叶,小叶 3~9 对,纸质,卵状披针形至长圆形,长 2~8 cm,先端圆钝而有短尖头,叶缘具钝锯齿,下面网脉明显。花杂性,黄白色,组成总状花序,花梗长 2~8 mm;荚果带状,长 12~37 cm,宽 2~4 cm,果肉稍厚,两面鼓起。花期 5—6 月,果期 8—12 月。

【分布习性】原产于中国长江流域,分布极广,中国的北部、南部及西南部均有分布。性喜光而稍耐阴,喜温暖、湿润的气候及深厚、疏松、肥沃的湿润土壤,但对土壤要求不严,在石灰质及盐碱土甚至黏土或砂土均能正常生长。深根性,抗风力强,生长速度中等,寿命可达六七百年。

【繁殖栽培】播种繁殖为主。贮藏寿命 4 年左右。既可随采随播,也可春播。因皂荚种子种皮较厚,春播前需采取软化种皮措施,确保出苗的整齐度。

【园林应用】皂荚树体高大,树冠宽广,叶密荫浓,根系发达,耐旱节水,尤其适合作防护林和水土保持林。园林中多用于城乡景观林、道路绿化等。

此外,常见栽培尚有山皂荚(*Gleditsia japonica* Miq.),与皂荚习性、园林应用基本相似,主要区别在于:枝刺在基部以上压扁,最粗部位在基部以上;大树为一回、二回羽状复叶兼有,甚至同一叶上也有一回二回兼有;果荚质地明显较薄,常扭曲和泡状隆起,腹缝线与种子间略缢缩。

图 2.25　皂荚

图 2.26　山皂荚

4）刺桐 *Erythrina variegata* Linn.，豆科刺桐属

【别名】山芙蓉、空桐树、木本象牙红。

【识别特征】落叶大乔木，高可达 20 m。树皮灰褐色，枝有明显叶痕及短圆锥形的黑色直刺。复叶具 3 小叶，长 20～30 cm，叶柄长 10～15 cm，通常无刺；顶生小叶宽卵形或卵状三角形，先端渐尖而钝。总状花序顶生，长 10～16 cm，总花梗木质、粗壮，长 7～10 cm；花冠红色，荚果肿胀黑色，肥厚，种子间略缢缩，长 15～30 cm，种子 4～12 枚，暗红色，长约 1.5 cm。花期 3 月，果期 8—9 月。

【分布习性】原产亚洲热带印度、马来西亚一带，现在各地广泛栽培。刺桐喜温暖、湿润、光照充足的环境，耐干旱也耐水湿，不甚耐寒。对土壤要求不严，最宜疏松、肥沃、排水良好的砂质土壤。

【繁殖栽培】刺桐以扦插繁殖为主，也可播种。扦插多于春季进行，插后要注意浇水保湿，极易生根成活。因扦插繁殖容易，极少播种繁殖。

【园林应用】刺桐生长迅速，适应能力强，园林中适合单植于草地或建筑物旁，可供公园、庭院及风景区等地美化，也是城市绿化中优良的行道树。

图 2.27　刺桐（一）

图 2.28　刺桐（二）

龙牙花

5）龙牙花 *Erythrina corallodendron* Linn.，**豆科刺桐属**

【别名】象牙红、鸡公花、珊瑚刺桐、鸡冠刺桐。

【识别特征】落叶灌木或小乔木，高3～5 m，树干和枝条散生皮刺。小叶3枚，顶生小叶菱形或菱状卵形，长4～10 cm，两面无毛，有时叶柄和中脉上有小皮刺。总状花序腋生，长可超过30 cm，花深红色，具短梗，与花序轴成直角或稍下弯，长4～6 cm，狭而近闭合；荚果长约10 cm，具梗，种子间略缢缩，种子数枚，深红色，常有黑斑。花期6—7月，果期8—9月。

【分布习性】原产美洲热带地区，各地栽培应用较多。我国华南、华中、华东、西南各地有栽培。性喜暖热气候，抗风力弱，尤其适宜向阳且不当风处生长。生长速度中等，不耐寒，稍耐阴，在排水良好、肥沃的土壤中生长较好，能抗污染。

【繁殖栽培】扦插繁殖为主，也可播种繁殖。扦插于4—5月最好，保持阴湿环境，生根容易。

【园林应用】象牙红枝叶扶疏，初夏开花，深红色的总状花序好似一串红色月牙，艳丽夺目，极为美丽，是著名观赏花木。园林中适于公园、庭院等处栽植，也可盆栽点缀室内环境。

图2.29　龙牙花（一）　　　　　　图2.30　龙牙花（二）

6）槐 *Styphnolobium japonicum*（L.）Schott，**豆科槐属**

【别名】槐树、国槐。

【识别特征】落叶乔木，高可达25 m，胸径可达1.5 m；树皮灰褐色，具纵裂纹，树冠卵圆形。二年生小枝绿色，皮孔明显，无毛。奇数羽状复叶长达25 cm，具7～17枚对生小叶，小叶纸质、卵状披针形或卵状长圆形，长2.5～7 cm，宽1.5～3 cm，先端渐尖；花冠白色或略带淡绿色，荚果串珠状，长2.5～5 cm，肉质，种子间缢缩不明显，成熟后黄绿色，干后黑褐色、不开裂，具种子1～6枚；花期7—8月，果期9—10月。

　　变种、变型较多，园林中常用的主要有：龙爪槐（var. *pendula* Loud.）、紫花槐（var. *pubescens* Bosse.）、五叶槐（var. *oligophylla* Franch.）等。

【分布习性】原产中国，现南北各省区广泛栽培，欧洲、美洲、亚洲各国均有引种。喜光而稍耐阴，能适应较冷气候。对土壤要求不严，在酸性至石灰性及轻度盐碱土中都能正常生长。根系较深而发达，抗风，也耐干旱瘠薄，怕积水，能较好适应城市土壤板结等不良环境条件。耐烟尘，对二氧化硫、氯气等有毒气体有较强抗性。幼时生长较快，以后中速生长，寿命很长。

【繁殖栽培】播种繁殖为主，也可扦插繁殖、嫁接繁殖。播种前宜温汤浸种催芽，扦插宜在春秋季选当年生或1年生枝条作插穗。

【园林应用】槐树枝叶茂密,绿荫如盖,适应能力强、抗污染,园林中适作庭荫树、行道树等,配植于公园、庭院、工矿厂区、建筑四周等处,效果良好。其变种龙爪槐则宜于门前对植或列植,也可孤植于亭台山石旁。

图 2.31　槐

图 2.32　龙爪槐

7）合欢 *Albizia julibrissin* Durazz.，豆科合欢属

【别名】马缨花、绒花树、夜合。

【识别特征】落叶乔木,高可达 16 m,树冠扁圆形,常呈伞形。树皮灰褐色,二回羽状复叶,羽片 4～12 对,各有小叶 10～30 对,小叶刀形,长 6～12 mm,宽 1～4 mm,叶缘及下面中脉被柔毛。头状花序排成伞房状,顶生或腋生;花萼绿色,花冠粉红色,花丝细长,超出花冠,呈绒缨状;荚果带状,长 9～15 cm,宽 1.5～2.5 cm,基部有短柄。嫩荚有柔毛,老荚无毛。花期 6—7 月,果期 8—10 月。

【分布习性】产于我国黄河流域及以南,现在华东、华南、西南以及东北、西北等省区有分布。合欢生长迅速,喜温暖、湿润和阳光充足的环境,对气候和土壤适应性强,宜在排水良好、肥沃土壤生长,较耐瘠薄土地和干旱气候,不耐水涝和低温严寒,对二氧化硫、氯化氢等有害气体有较强的抗性。

【繁殖栽培】播种繁殖为主。合欢常采用播种繁殖,于秋季 9—10 月间采种,干藏至次春播种。

【园林应用】合欢生长迅速,枝条开展,树姿优美,叶形雅致,夏季开花时节绒花满树,是夏季优良的庭院花木。园林中可作行道树、庭荫树等,宜植于林缘、房前屋后、草坪等处,景观效果甚佳。

图 2.33　合欢(花)

图 2.34　合欢

2.4 悬铃木科

悬铃木

1)一球悬铃木 *Platanus occidentalis* Linn.,悬铃木科悬铃木属

一球悬铃木又称为美国梧桐,落叶大乔木,高可超过 40 m;树皮有浅沟,呈小块状剥落;幼枝被有褐色绒毛。叶较大、阔卵形,宽 10 ~ 20 cm,长度比宽度略小,多呈 3 浅裂,稀 5 浅裂,裂片短三角形,边缘有数个粗大锯齿;叶柄长 4 ~ 7 cm,密被绒毛。花单性,聚成圆球形头状花序,径约 3 cm,单生为主,少数有 2 ~ 3 个。花期 5 月,果期 9—10 月。

2)二球悬铃木 *Platanus acerifolia*(Aition)Willd.,悬铃木科悬铃木属

二球悬铃木又称为英国梧桐,落叶大乔木,高达

图 2.35　一球悬铃木

30 m,树皮较光滑,多大片块状脱落;嫩枝密生灰黄色绒毛,老枝秃净。叶阔卵形,宽 12 ~ 25 cm,长 10 ~ 24 cm,多掌状 5 裂,偶有 3 裂或 7 裂,裂片全缘或有 1 ~ 2 个粗大锯齿,叶柄长 3 ~ 10 cm,密生黄褐色毛;花单性,聚成圆球形头状花序,头状果径约 2.5 cm,每串两个为主,稀 1 个或 3 个,常下垂。

3)三球悬铃木 *Platanus orientalis* Linn.,悬铃木科悬铃木属

三球悬铃木又称法国梧桐,落叶大乔木,高达 30 m,树皮薄片状脱落;嫩枝被黄褐色绒毛,老枝秃净,有细小皮孔。叶大,阔卵形,宽 9 ~ 18 cm,长 8 ~ 16 cm,掌状 5 ~ 7 裂,稀为 3 裂,叶柄长 3 ~ 8 cm,圆柱形,被绒毛,基部膨大;雄性球状花序无柄,基部有长绒毛,雌性球状花序常有柄。果枝长 10 ~ 15 cm,头状果序径 2 ~ 2.5 cm,每串果序多具果 3 ~ 5 个,稀为两个。

上述三者习性、繁殖栽培、园林应用基本相同。

【分布习性】国内广泛分布。悬铃木喜湿润温暖气候,较耐寒,适生于微酸性或中性、排水良好、土层深厚、肥沃的土壤,微碱性土壤虽能生长,但易发生黄化。抗空气污染能力较强,叶具较强吸收有毒气体和滞积尘埃的作用。

【繁殖栽培】悬铃木的繁殖可采用播种繁殖、扦插繁殖等方法进行。播种繁殖可于深秋采集成熟果实,剥散后晾晒 2 ~ 3 d,待干燥后贮藏。春季温度在 15 ℃以上时将种子撒播于整平、浇透水的畦面上,稍覆土,有条件可盖塑料薄膜保湿保温,确保苗床湿润而不积水,温度 20 ~ 28 ℃为宜。扦插繁殖则于早春选取生长健壮、发育充实且无病虫危害的 1 ~ 2 年生枝条为插穗,每段插穗 15 ~ 20 cm,至少 2 ~ 3 芽进行扦插繁殖。

【园林应用】悬铃木冠大荫浓、生命力强、耐粗放管理,秋季落叶前叶色变褐,蔚为壮观美丽。园林中可将悬铃木用作行道树、园景树、风景林等。

图 2.36 二球悬铃木

图 2.37 三球悬铃木

2.5 金缕梅科

枫香 Liquidambar formosana Hance，金缕梅科枫香属

图 2.38 枫香

【识别特征】落叶乔木，高可达 30 m。树皮灰褐色，方块状剥落；小枝被柔毛，略有皮孔；叶薄革质，阔卵形，掌状 3 裂，中央裂片较长，先端尾状渐尖，两侧裂片平展，边缘有锯齿，叶柄长。雄性花呈短穗状，雌性呈头状花序，头状果序圆球形。花期 3—4 月，果 10 月成熟。

【分布习性】产自中国秦岭及淮河以南各省，现各地广泛栽培。喜温暖、湿润气候，性喜光，幼树稍耐阴，耐干旱瘠薄土壤，不耐水涝。

【繁殖栽培】播种繁殖。果熟后取出种子，晾干，装入麻袋置于通风干燥处储藏，秋季播种，也可春季播种。

【园林应用】枫香适应能力强，观赏价值高，园林中可孤植、丛植、林植用作庭荫树、行道树、园景树和风景林等。

2.6 漆树科

果 Mangifera indica Linn.，漆树科　果属

【别名】檬果、漭果、芒果。

【识别特征】常绿大乔木，高可达 20 m。树冠稍呈卵形或球形，树皮灰白色或灰褐色，小枝无

毛,褐色;叶互生,披针形,薄革质,全缘。叶形
和大小变化较大。多呈长圆状披针形,长 15 ~
30 cm,宽约 9 cm,叶柄长 3.5 ~ 4.5 cm,先端尖;
花小,黄色或淡黄色,有香气。多花密集,呈直
立圆锥花序,长 20 ~ 30 cm;核果肾脏形,略扁,
长 5 ~ 10 cm,宽 3 ~ 5 cm。成熟前果皮呈绿色至
暗紫色,成熟时果皮绿色、橘黄色或红色等。中
果皮肉质、多汁,味道香甜,果核坚硬。

图 2.39　杧果

【分布习性】我国云南、广东、广西、福建、台湾
等地有产。品种较多,已超 100 个。现国内外
各地广泛栽培。喜阳光充足及温暖气候,不耐
寒、不耐水湿。适合生长于土层深厚、肥沃、疏松、排水良好的微酸性土壤。

【繁殖栽培】播种、嫁接繁殖。杧果种子寿命较短,可于果熟后食肉取种,播前需剥壳处理。嫁
接宜 3 月、9 月进行,切接为佳,能确保有较高的成活率。

【园林应用】杧果树体高大,树冠整齐,四季常青,除作为南方著名果树栽培外,也是我国南方热
带地区优良的行道树、庭荫树种之一。

2.7　杜仲科

杜仲 *Eucommia ulmoides* Oliver,**杜仲科杜仲属**

【别名】丝棉皮、棉树皮、胶树。

图 2.40　杜仲

图 2.41　杜仲(果枝)

【识别特征】落叶乔木,高可达 20 m,萌蘖能力极强。小枝淡褐色或黄褐色,有皮孔。叶互生,
椭圆形或椭圆状卵形,先端渐尖,基部圆形或宽楔形,叶脉明显、边缘有锯齿。花单性,多生于小
枝基部,雌雄异株,无花被,先叶开放或与叶同时开放。翅果狭椭圆形,扁平,长约 3.5 cm,先端
下凹。种子 1 枚。花期 4—5 月,果期 9—10 月。

　　杜仲的树皮、树叶以及果等折断、撕裂后有密集的白色胶状丝线。

【分布习性】原产黄河以南,西南、华南、华中、西北等地有栽培。杜仲喜光,不耐阴、较耐寒,尤喜温暖、湿润气候及深厚、肥沃而排水良好的土壤。

【繁殖栽培】杜仲可播种、扦插、压条及分蘖繁殖。播种繁殖宜于 11—12 月或次春月均温达 10 ℃以上时选取新鲜、饱满的种子播种。如春播,种子宜层积处理;扦插可采嫩枝扦插、根插等法,成苗率高;压条繁殖多于春季进行。

【园林应用】杜仲树体高大,萌蘖能力强,是我国特有树种,园林中可作风景林、行道树、庭荫树、园景树等。

2.8　榆　科

1)榆树 *Ulmus pumila* Linn. ,榆科榆属

【别名】家榆、榆钱、春榆、白榆。

【识别特征】落叶乔木,高可达 25 m,胸径 1 m。幼树树皮平滑,灰褐色或浅灰色,大树之皮暗灰色,不规则深纵裂,粗糙,不剥落。叶椭圆状卵形至卵状披针形,边缘具重锯齿或单锯齿,长 2 ~ 8 cm,宽 1 ~ 3.5 cm,先端渐尖或长渐尖,基部略偏斜。花先叶开放,叶腋处簇生状,春节开放。翅果近圆形,稀倒卵状圆形,花果期 3—6 月。

【分布习性】我国东北、华北、西北及西南各省区均有分布。阳性树,生长快,根系发达,适应性强,对土壤要求不严,能耐干冷气候及中度盐碱,但不耐水湿。寿命长,抗有毒有害气体能力强,能适应城市环境。

【繁殖栽培】播种繁殖为主,也可用扦插繁殖、嫁接、压条繁殖等。播种繁殖于春季榆钱由绿变浅黄色时采种,阴干后及时播种。扦插繁殖可根插,也可枝插,成活率高,成苗后生长快。压条繁殖在生长期均可进行。

【园林应用】榆树树体高大,绿荫较浓,适应性强,适宜作行道树、庭荫树、防护林等。

图 2.42　榆树(果枝)

图 2.43　榔榆(盆景)

2)榔榆 *Ulmus parvifolia* Jacq. ,榆科榆属

此种与榆树较为相似,主要区别在于:叶革质,较榆树叶小。树皮薄片状脱落,花期秋季。

其分布习性、园林应用基本同榆树。

3) **龙爪榆** *Ulmus pumila cv. Pendula*，**榆科榆属**

龙爪榆是榆树的常见栽培变种，其主要特征是：灌木状，小枝细长、卷曲或扭曲而下垂，树冠伞状，华北、西北、西南各地有栽培。

其分布习性、园林应用基本同榆树。

图 2.44 龙爪榆（枝叶）

图 2.45 龙爪榆

4) **朴树** *Celtis sinensis* Pers. ，**榆科朴属**

【别名】黄果朴、朴榆、沙朴。

图 2.46 朴树（一）

图 2.47 朴树（二）

【识别特征】落叶乔木，高可达 20 m，胸径 1 m；树冠扁球形，树皮平滑，灰色；一年生枝被密毛。叶互生，宽卵形至狭卵形，基部偏斜。花杂性，生于当年枝的叶腋；核果近球形，红褐色，花期 4—5 月，果实 9—10 月成熟。

【分布习性】分布于黄河流域及以南地区均有栽培。喜光，适温暖、湿润的气候，适生于肥沃平坦之地。对土壤要求不严，有一定耐干能力，耐水湿及瘠薄土壤，适应力较强，抗烟尘及有毒气体能力强。

【**繁殖栽培**】播种繁殖为主。秋季种子成熟后采收、阴干、砂藏层积至翌年春播。播前用木棒敲碎种壳或混砂搓伤外种皮,以利发芽。

【**园林应用**】朴树树形美观,冠大荫浓,园林中宜作行道树、庭荫树等,也可用于营造风景林、制作盆景等。

2.9 桑 科

1)榕树 *Ficus microcarpa* Linn. ,桑科榕属

榕树

【**别名**】细叶榕、小叶榕。

图2.48　榕树(叶、果)

图2.49　榕树(气生根)

图2.50　榕树(行道树)

图2.51　榕树(造型树)

【**识别特征**】常绿大乔木,高可达15~25 m,冠幅广展,锈色气生根明显;老树常有锈褐色气根。树皮深灰色,叶薄革质,狭椭圆形,长4~8 cm,宽3~4 cm,先端钝尖,有光泽,全缘。果腋生,熟时黄或微红色,扁球形,直径6~8 mm,花期5—6月,果实秋冬季成熟。

【**分布习性**】我国华南、东南、西南地区广泛分布。喜阳光充足、温暖、湿润的气候,不耐寒,对土壤要求不严,在微酸和微碱性土中均能生长,不耐旱,生长较快。

【繁殖栽培】榕树繁殖方式多样,扦插、播种、嫁接、压条均可繁殖,方法简便,成活率高。

【园林应用】榕树高大挺拔,枝叶浓密,四季常青,适合作庭荫树、行道树,也可制作盆景。

2)黄葛树 *Ficus virens* Ait. ,桑科榕属

黄葛树

【别名】大叶榕、黄桷树、黄葛榕。

【识别特征】落叶大乔木,茎干粗壮,枝杈密集,叶互生,纸质或薄革质,长椭圆形或近披针形,长 8 ~ 16 cm,宽 4 ~ 7 cm,先端短渐尖,全缘。花期 5—8 月,果期 8—11 月,果生于叶腋,球形,熟时黄色或紫红色。

【分布习性】我国长江流域及以南地区广泛栽培。喜温暖、高温、湿润的气候,耐旱而不耐寒,抗风、抗大气污染,耐瘠薄土地,生长迅速,萌发力强,栽培管理简单。

【繁殖栽培】黄葛树适应能力强,繁殖极为容易,既可扦插繁殖、播种繁殖,也可压条繁殖等。

【园林应用】树形奇特,悬根露爪,蜿蜒交错,古态盎然。新叶展放后鲜红色的托叶纷纷落地,甚为美观。适宜栽植于公园湖畔、草坪、河岸边、风景区,孤植、群植均可,也可作行道树、园景树。

图 2.52　黄葛树(叶)

图 2.53　黄葛树

3)高山榕 *Ficus altissima* Bl. ,桑科榕属

【别名】马榕、鸡榕、大青树、大叶榕。

【识别特征】常绿大乔木,高可达 20 m。叶厚革质,广卵形至广卵状椭圆形,互生,先端钝,急尖,全缘,两面光滑,无毛,基生侧脉延长;叶柄长 2 ~ 5 cm,粗壮;花小,果成对腋生,椭圆状卵圆形,成熟时红色或带黄色。花期 3—4 月,果期 5—7 月。我国南方地区花果期几全年。

【分布习性】产于我国华南、西南等热带、亚热带地区。阳性,喜高温、多湿的气候,耐干旱瘠薄,抗风,抗大气污染,生长迅速。

【繁殖栽培】高山榕生命力极为旺盛,容易繁殖,尤其以播种、扦插繁殖最为常用。

【园林应用】高山榕树冠大,叶厚有光泽,适合作园景树、庭荫树以及行道树等,也可盆栽观赏。

图 2.54　高山榕(叶)

图 2.55　高山榕

4)**印度榕** *Ficus elastica* Roxb. ex Hornem. ,桑科榕属

【别名】印度胶榕、印度橡皮树、橡皮树。

图 2.56　橡皮树

图 2.57　花叶橡皮树

【识别特征】常绿大乔木,树皮平滑。叶互生,有乳汁,宽大具长柄,厚革质,椭圆形,全缘、表面亮绿色。幼芽红色,托叶单生,淡红色。花期 9—11 月。

【分布习性】原产于印度、马来西亚等地,我国西南、华南等地多有栽培,盆栽更为广泛。喜暖湿气候,喜光,能耐阴,不耐寒。适生于疏松、肥沃土壤,不耐干旱瘠薄土地。

【繁殖栽培】扦插、压条繁殖为主。扦插繁殖宜选 1~2 年生枝条做插穗,夏季进行。压条繁殖不受季节限制。

【园林应用】印度橡皮树叶大光亮,四季葱绿,是极好的观叶树种。可作庭荫树、行道树等,也可盆栽陈列宾馆、饭店大厅等场所。

构树

5）**构树** *Broussonetia papyrifera*（Linn.）L'Hér. ex Vent.，桑科构属

【别名】构桃树、构乳树、假杨梅。

【识别特征】落叶乔木,高可达 18 m。皮暗灰色、平滑。叶纸质,广卵形至长圆状卵形,边缘具粗锯齿,不分裂或 3 ~ 5 裂,表面粗糙,疏生糙毛,背面密被绒毛。雌雄异株,雄花序为柔荑花序,雌花序球形头状。聚花果直径 1.5 ~ 3 cm,成熟时橙红色,肉质;花期 4—5 月,果期 6—7 月。

【分布习性】我国南北各地均产。适应性强,耐旱、耐瘠,对土壤要求不严,耐烟尘、抗大气污染力强。

【繁殖栽培】播种繁殖为主,也可分株繁殖等。秋季采收成熟的构树果实,捣烂、清水漂洗后去除果肉残渣等,即获得纯净的种子。将种子装入布袋中贮藏,翌年春播。

【园林应用】构树枝叶茂密,抗性强、生长快、繁殖容易,尤其适合作矿区及荒山坡地绿化,也可作庭荫树、防护林等。

图 2.58　构树(叶)

图 2.59　构树(果)

2.10　胡桃科

1）**核桃** *Juglans regia* Linn.，胡桃科胡桃属

【别名】胡桃、羌桃。

【识别特征】落叶乔木,树冠广卵形至扁球形,树皮灰色,老时纵裂;新枝无毛,小叶 5 ~ 9,椭圆状卵形或椭圆形,先端钝圆或微尖,全缘,背面脉腋簇生淡褐色毛;雌花 1 ~ 3 朵集生枝顶,核果球形,外果皮薄,中果皮肉质,内果皮骨质。花期 4—5 月,果 9—11 月熟。

【分布习性】原产亚洲西南部的波斯(伊朗)。我国已有 2 000 年的栽培历史,以西北、华北最多。喜光,耐寒,不耐湿热;对土壤肥力要求较高,不耐干旱瘠薄及盐碱,深根性,萌蘖性强,有粗大的肉质根,怕水淹,虫害较多。

【繁殖栽培】播种、嫁接繁殖。春播秋播均可,春播前宜浸种催芽。果树生产上多以嫁接方式繁殖良种苗木。

【园林应用】孤植或丛植于庭院、公园、草坪建筑旁,也可作庭荫树、行道树,营造风景林、经济林等。

图 2.60　核桃（果）

图 2.61　核桃

枫杨

2）**枫杨** *Pterocarya stenoptera* C. DC. ，*胡桃科枫杨属*

【**别名**】麻柳、水麻柳、蜈蚣柳。

【**识别特征**】落叶乔木，高可达30 m。幼树树皮平滑，浅灰色，老时则深纵裂；叶柄上有叶轴翅，多为奇数羽状复叶，小叶9～23枚，顶生小叶有时不发育，缘有细锯齿；柔荑花序、果序下垂，长20～30 cm。花期4—5月，果熟期8—9月。

【**分布习性**】广布国内，在长江流域和黄淮流域最常见，朝鲜也有。喜光，喜温暖、湿润的气候，较耐寒、耐湿性强。深根性、主根明显、侧根发达，对土壤要求不严。初期生长缓慢；4年后增快，60年后开始衰败。

【**繁殖栽培**】枫杨常播种繁殖，春播、秋播均可，苗木较耐粗放管理，但须加强病虫害防治工作。

【**园林应用**】枫杨树冠广展，枝叶茂密，生长快速，根系发达，适合作遮阴树、行道树、水边护岸固提及防风林、工厂绿化等。

图 2.62　枫杨（叶）

图 2.63　枫杨

2.11 桦木科

1）白桦 *Betula platyphylla* Suk.，桦木科桦木属

【别名】桦树、桦木。

【识别特征】落叶大乔木，高可达 27 m；树皮灰白色，成层剥裂；单叶互生，叶边缘有锯齿，厚纸质，三角状卵形，长 3～9 cm，宽 2～7.5 cm，边缘具重锯齿。单性花，雌雄同株，雄花序柔软下垂，先花后叶，果序单生，常下垂。

【分布习性】产于我国东北、华北、西北等地，西南地区偶见栽培。喜光，不耐阴，耐严寒。深根性、耐瘠薄，对土壤要求不严。生长较快，萌芽强，寿命较短。

【繁殖栽培】播种、扦插、压条繁殖。播种繁殖春秋均可，扦插繁殖既可软枝扦插，也可硬枝扦插，压条繁殖仅适合少量繁殖苗木时使用。

【园林应用】枝叶扶疏，姿态优美，尤其树干洁白雅致，十分引人注目。可孤植、丛植于庭园、公园之草坪、池畔、湖滨或列植于道旁等，也可营造风景林。

图 2.64　白桦（果枝）　　　　　　图 2.65　白桦

2）桤木 *Alnus cremastogyne* Burk.，桦木科桤木属

【别名】水冬瓜树、水青风。

【识别特征】乔木，高可达 40 m；树皮灰色，鳞状开裂。叶倒卵形至椭圆形，长 5～15 cm，边缘略具稀疏钝齿。雄花序单生，果序单生于叶腋。花期 2—3 月，果 11 月中旬成熟。

【分布习性】我国西南、西北、华中、华东各地有分布。喜光，喜温暖、湿润气候。对土壤适应性强，喜水湿，多生于河滩低湿地。

【繁殖栽培】播种、扦插繁殖为主。桤木果实采收后，可曝晒脱粒，将种子装入袋中置于通风干燥处

图 2.66　桤木

干藏或密封贮藏,春播、秋播皆可。扦插繁殖则软枝扦插、硬枝扦插皆可。

【园林应用】栲木根系发达,适应性强,耐瘠薄,生长迅速,可作行道树,也可于水滨、湖岸边栽种,是理想的荒山绿化树种。

2.12 紫葳科

蓝花楹

1)蓝花楹 *Jacaranda mimosifolia* D. Don,紫葳科蓝花楹属

【别名】蓝雾树、巴西紫葳。

【识别特征】落叶乔木,高达 15 m。叶对生,二回羽状复叶,羽片通常在 16 对以上,每 1 羽片有小叶 16~24 对;小叶椭圆状披针形至椭圆状菱形,长 6~12 mm,全缘。花蓝色,蒴果木质,扁卵圆形。花期 5—6 月。

【分布习性】原产南美洲,我国华南、东南、西南等地有引种栽培。喜温暖、湿润、阳光充足的环境,不耐霜雪。对土壤条件要求不严,在一般中性和微酸性的土壤中都能生长良好。

【繁殖栽培】蓝花楹常播种或扦插繁殖。秋季果实成熟后晒干贮藏,翌年 3 月播种,温度宜控制在 20 ℃ 上下。扦插繁殖则春季和秋季皆可。

【园林应用】树体高大挺拔,花期满树蓝紫色花朵,十分雅丽清秀,适合作庭荫树、行道树,孤植、丛植均可。

图 2.67 蓝花楹(叶)

图 2.68 蓝花楹

2)梓树 *Catalpa ovata* G. Don,紫葳科梓属

【别名】花楸、水桐、臭梧桐、木角豆。

【识别特征】落叶小乔木,高 6~18 m。树冠伞形,主干通直平滑,皮暗灰色。单叶对生,偶见轮生,宽卵形或近圆形,全缘,常 3~5 浅裂,有毛。圆锥花序顶生,长 10~18 cm,黄白色。蒴果线形,下垂,长 20~30 cm,形似蒜薹。花期 5—7 月,果期 7—10 月。

【分布习性】我国东北、华北、西北、华中各地均有分布。适应性较强,喜温暖,也能耐寒。土壤以深厚、湿润、肥沃的夹砂土较好。不耐干旱瘠薄。抗污染能力强,生长较快,抗污染能力强。

【繁殖栽培】播种、扦插繁殖。秋季果实成熟后,取出种子干藏至次年春播,播前催芽。扦插宜夏季取半成熟枝条进行。

【园林应用】梓树树体端正,冠幅宽大,荫浓范围广,春夏满树白花,秋冬荚果悬挂,有一定观赏价值,可作行道树、庭荫树以及工矿厂区绿化之用。

图 2.69 梓树(叶)

图 2.70 梓树

2.13 杜英科

1) 山杜英 *Elaeocarpus sylvestris*（Lour.）Poir.，**杜英科杜英属**

【别名】杜英、羊屎树、胆八树。

图 2.71 山杜英(叶)

图 2.72 山杜英

【识别特征】常绿乔木,高可达十余米;小枝纤细,嫩枝无毛。叶倒卵形或倒卵状披针形,长 4 ~ 8 cm,宽 2 ~ 4 cm,先端钝,或略尖,两面均无毛,叶缘有钝锯齿或波状钝齿。总状花序长 4 ~ 6 cm,花梗长 3 ~ 4 mm。核果椭圆形,长约 1 cm。冬春季节老叶绯红。花期 4—5 月。

【分布习性】产于我国,长江流域及以南各地多有分布。喜温暖、湿润的气候,较耐寒、怕积水。根系发达,萌芽力强,耐修剪。适生于排水良好的酸性之黄壤和红黄壤山区,对二氧化硫等有毒气体抗性强。

【繁殖栽培】播种、扦插繁殖。播种繁殖可在秋季果实成熟后采收,堆放待果肉软化后,搓揉清洗获取干净种子、晾晒阴干后即可播种,也可砂藏层积至翌年春播。扦插繁殖在春季、梅雨季节、秋季均可进行。

【园林应用】枝叶茂密,树冠圆整,冬春时节红绿相间,颇为美丽,适宜在草坪、坡地、林缘、庭院、工矿厂区等地孤植、丛植,也可列植作行道树。

2)水石榕 *Elaeocarpus hainanensis* Oliv.,杜英科杜英属

【别名】水柳树、海南杜英。

【识别特征】小乔木,嫩枝纤细、无毛。叶薄革质,披针形,长 7~15 cm,宽 2~3 cm,先端钝尖,基部楔形,有细锯齿,叶柄 1~2 cm。花瓣 5 枚,倒卵形,与萼片近等长,先端撕裂。果纺锤形,长 3~4 cm。花期 5—6 月。

【分布习性】我国华南一带分布较多,西南地区之云南也有分布。喜高温、多湿的气候,不耐寒,不耐干旱,喜湿但不耐积水。深根性,抗风力较强,适生于土壤疏松、肥沃且富含有机质土壤之中。

【繁殖栽培】播种、扦插繁殖。播种繁殖宜随采随播,可提高发芽率。扦插则软枝扦插、硬枝扦插均可。

【园林应用】分枝多而密,花洁白淡雅,花期长,适宜在草坪、坡地、林缘等地栽种,作园景树、行道树等。

图 2.73　水石榕(花)

图 2.74　水石榕

2.14　梧桐科

梧桐 *Firmiana simplex* (Linn.) W. Wight,梧桐科梧桐属

【别名】青桐、桐麻。

【识别特征】落叶乔木,高可达 15~20 m,树干挺直,分枝高。树皮绿色,平滑,常不裂。叶大、心形,径达 30 cm,掌状 3~5 裂,裂片宽三角形,全缘。圆锥花序顶生,花淡黄绿色。蓇葖果膜质,果皮开裂呈叶状,匙形,长 6~11 cm。种子球形,2~4 粒。花期 5—6 月,果期 10—11 月。

【分布习性】我国黄河流域及以南各地多有栽培。梧桐喜温暖、湿润的气候,耐旱、耐寒性不强;喜肥沃、湿润、深厚而排水良好的土壤,在酸性、中性及钙质土上均能生长,水湿地或盐碱地生长

不良。生长快、寿命长,抗有毒有害气体能力强。

【繁殖栽培】播种、扦插繁殖。秋季果熟时采收,晒干脱粒。可当年秋播,也可干藏或砂藏至翌年春季播种。

【园林应用】梧桐树冠圆整,干形优美,皮滑色绿,适宜点缀于庭园、坡地、湖畔等地,可作行道树、园景树、庭荫树等。

图2.75　梧桐

图2.76　梧桐(果)

2.15　锦葵科

木芙蓉

木芙蓉 *Hibiscus mutabilis* Linn. ,锦葵科木槿属

【别名】芙蓉花、酒醉芙蓉、重瓣木芙蓉。

图2.77　木芙蓉(花)

图2.78　木芙蓉

【识别特征】落叶小乔木或灌木。小枝、叶柄、花梗和花萼均密被柔毛。叶互生,宽卵形至心形,直径10~15 cm,常5~7掌状裂,叶缘具钝圆锯齿,两面均有柔毛。花单生或簇生枝端,单瓣重瓣都有,初开时白色或淡红色,后变深红色。蒴果扁球形,被淡柔毛。花期10—11月,果实12月成熟。

【分布习性】我国华南、华中、西南等地有栽培。喜光,稍耐阴;喜温暖、湿润气候,不耐寒,适生于肥沃、湿润而排水良好的砂质土壤。生长较快,萌蘖性强,对有毒有害气体抵抗能力强。

【繁殖栽培】扦插、压条繁殖。扦插繁殖可于植株落叶后剪取枝条砂藏层积至翌年春扦插,成活率较高。也可春季3—4月剪取1年生健壮充实的枝条作插穗进行扦插。

【园林应用】夏季枝繁叶茂,秋季繁花满树,尤其适宜在庭园栽种,可孤植、丛植,以及配植水滨,也可作花篱、盆栽观赏等。

2.16 杨梅科

杨梅 Myrica rubra(Lour.)S. et Zucc.,*杨梅科杨梅属*

【别名】圣生梅、白蒂梅、树梅。

【识别特征】常绿乔木,高可达15 m,树冠圆球形。树皮灰色,老时纵向浅裂。小枝及芽无毛,皮孔通常少而不显著。叶革质,长椭圆状或长椭圆状倒卵形,长十余厘米、无毛,常密集于小枝上端部分,全缘或偶有锐锯齿。4月开花,6—7月果实成熟。

【分布习性】我国江浙一带分布较多,东南沿海也有栽培。喜温暖、湿润的气候,酸性土壤,有一定耐寒能力。

【繁殖栽培】播种、扦插繁殖为主,也可压条、嫁接繁殖。杨梅的播种繁殖以随采随播萌芽率最高,也可砂藏至秋播。压条繁殖一般采用低压法,即将基部分枝向下压入土中促其生根,次年移栽。杨梅嫁接繁殖的成活率较低,以切接为主,多冬末春初进行。

【园林应用】枝繁叶茂,树冠圆整,初夏又有红果累累,十分可爱,是园林绿化结合生产的优良树种。孤植、丛植于草坪、庭院,或列植于路边都很合适;若采用密植方式来分隔空间或起遮蔽作用也很理想。

图2.79 杨梅(果)

图2.80 杨梅

2.17 杨柳科

垂柳

1）垂柳 *Salix babylonica* Linn. , 杨柳科柳属

【别名】水柳、垂丝柳。

【识别特征】落叶乔木,高达 12~18 m,树冠开展而疏散。树皮灰黑色,不规则开裂;枝细长,下垂。叶狭披针形,长 8~16 cm,宽 0.5~1.5 cm。叶正面绿色,背面灰绿色,叶缘有细锯齿。花序先叶开放,或与叶同时开放。蒴果长 3~4 cm,黄褐色。花期 3—4 月,果期 4—5 月。

【分布习性】主要分布于我国长江流域与黄河流域,其他各地多有栽培。萌芽力强,根系发达,生长迅速。喜温暖、湿润的气候,较耐寒,特耐水湿,适生于土层深厚之酸性、中性土壤。适应能力强,对有毒气体有中等抗性。

【繁殖栽培】垂柳扦插繁殖极易成活,故生产上常用此法繁殖苗木,也可播种繁殖。

【园林应用】枝条细长下垂,生长迅速且特耐水湿,宜配植于桥头、池畔等水体沿岸处,也可作庭荫树、行道树等。

图 2.81　垂柳(花)

图 2.82　垂柳

2）龙爪柳 *Salix matsudana* f. *tortuosa* Rehd. , 杨柳科柳属

【别名】龙须柳。

【识别特征】龙爪柳是旱柳的变种。乔木,其枝条扭曲,状如龙形,下垂。花期 4 月,果期 4—5 月。

【分布习性】分布广泛,我国南北均有。喜光、喜水湿,也耐干旱,不耐荫蔽。对土壤要求不严,深耕性,抗风力强。

【繁殖栽培】扦插繁殖为主,也可播种育苗。

【园林应用】枝条盘曲,适合种植在绿地或道路两旁,可作行道树、园景树,其枝条也可用于插花。

图2.83　龙爪柳(叶)

图2.84　龙爪柳

2.18　柿树科

1)柿树 *Diospyros kaki* Thunb.,柿科柿树属

图2.85　柿树

【别名】朱果、猴枣。

【识别特征】落叶大乔木,通常高达10 m以上,树冠球形或钝圆锥形。树皮灰色,沟纹较密,裂成长方块状。嫩枝初时有棱、带毛。叶近革质,卵状椭圆形至倒卵形,通常较大,长5~18 cm,宽3~9 cm,先端渐尖或钝,基部楔形。花黄白色,浆果球形、扁球形等,径3~10 cm,嫩时绿色,后变橙黄色。花期5—6月,果期9—10月。

【分布习性】原产于我国,分布广泛,南北均有。适应能力强,较能耐寒、耐旱、耐瘠薄土地,寿命长。吸滞粉尘的能力和抵抗有毒有害气体能力均甚强。

【繁殖栽培】嫁接繁殖为主,也可播种繁殖。嫁接繁殖多以君迁子、野柿、油柿及老鸦柿等为砧木,以芽接方式最好。播种繁殖多用于生产嫁接繁殖所需之砧木,春秋均可进行。

【园林应用】树形优美,冠大荫浓,秋色金黄,宜孤植草坪、列植道旁等,也可用于工矿区绿化。

2)君迁子 *Diospyros lotus* Linn.,柿科柿树属

【别名】黑枣、软枣、牛奶枣。

【识别特征】落叶大乔木,高可达30 m,胸径达1 m;树冠卵圆形。幼树树皮平滑,浅灰色,老时

则深纵裂。叶薄革质，椭圆形至长椭圆形，长 6 ~
12 cm，先端渐尖或微凸，幼时被毛，后脱落。花淡
黄或绿白色，果球形或卵圆形，径 1 ~ 3 cm，熟时黄
色，干后变蓝黑，被白粉。花期 4—5 月，果熟期
10—11 月。

图 2.86　君迁子

【分布习性】分布广泛，南北均有。适应性强，喜
光，较耐寒，怕水湿，喜深厚肥沃土壤，也耐瘠薄土
地。生长快、寿命长，对 SO_2，Cl_2 等有一定抗性。

【繁殖栽培】播种繁殖。秋季果实变为暗褐色时采
收，堆积软化果肉后，揉搓去除果肉碎渣及杂质等，
漂洗干净种子、阴干后即可播种，也可砂藏至次年
春季播种。

【园林应用】树干挺直，树冠圆整，适应性强，广泛栽植作庭荫树、行道树等。

2.19　山矾科

山矾 Symplocos sumuntia Buch.-Ham. ex D. Don，*山矾科山矾属*

【别名】尾叶山矾、七里香。

图 2.87　山矾（花）

图 2.88　山矾

【识别特征】常绿乔木，嫩枝褐色。叶薄革质，狭倒卵形、倒披针状椭圆形，长 3 ~ 8 cm，宽 1.5 ~
3 cm，边缘具浅锯齿或波状齿。花冠白色，5 深裂几达基部，长约 0.5 cm。花期 3—4 月，果期
9—10 月。

【分布习性】我国东南、华南、西南、华中等地有分布。喜光，耐阴，喜湿润、凉爽的气候，较耐热
也较耐寒。对土壤要求不严，对 Cl_2，SO_2 等有毒、有害气体抗性强。

【繁殖栽培】播种繁殖、扦插繁殖。

【园林应用】树冠整齐，枝叶茂密，花香浓郁，适宜孤植或丛植于草地、庭园，也可列植、对植于道
路、建筑物两侧等。

2.20　蔷薇科

1）枇杷 *Eriobotrya japonica*（Thunb.）Lindl.，蔷薇科枇杷属

【别名】芦橘、金丸。

【识别特征】常绿小乔木，高可达 10 m；小枝粗壮，黄褐色，密被棕色绒毛。叶片革质，披针形或倒披针形，长 12～30 cm，宽 3～9 cm，上部边缘有疏锯齿，基部全缘，叶面光亮而多皱，背面密生绒毛。白色圆锥花序顶生，总花梗和花梗密生绒毛；果实球形或长圆形，直径 2～5 cm，成熟前绿色，成熟后橙黄色，被锈色柔毛。花期 10—12 月，果期 5—6 月。

【分布习性】我国西北、西南、华中及长江流域广泛分布。枇杷喜光，稍耐阴，喜温暖、湿润的气候及排水良好，疏松、肥沃的土壤，稍耐寒，不耐严寒。

【繁殖栽培】以播种、嫁接繁殖为主，也可以扦插、压条繁殖。播种可于 6 月采种后立即进行。嫁接多以切接为主，可在 3 月中旬或 4—5 月进行，砧木可用枇杷实生苗或石楠。

【园林应用】树形整齐美观，叶大荫浓，四季常青，除作果树栽培外，也可用于庭院绿化。

图 2.89　枇杷（花序）　　　　　　　　　　图 2.90　枇杷

2）红叶石楠 *Photinia* ×*fraseri*，蔷薇科石楠属

【识别特征】常绿小乔木或灌木，株形紧凑，全体无毛。叶革质，长椭圆形至倒卵状长椭圆形，边缘有细锯齿。春季和秋季新叶亮红色。花期 4—5 月，果期 10 月。

【分布习性】红叶石楠品种较多，我国长江流域及以南各地常见栽培。喜光，稍耐阴，喜温暖、湿润的气候，耐干旱瘠薄、较耐寒，不耐水湿，对土壤要求不严。生长速度快，萌芽力强，耐修剪，移植成活率高，易于整形。

【繁殖栽培】扦插繁殖为主，也可播种育苗。扦插繁殖适合在雨季进行，选当年半木质化的嫩枝作插条，也可在早春选取一年生成熟枝条进行扦插；播种繁殖则于果实成熟期采种，将果实捣烂漂洗取籽晾干，层积砂藏至翌年春播。

【园林应用】新梢和嫩叶鲜红持久，绚丽多姿，耐修剪，是园林绿化优良的彩叶树种，可作地被植

物或造型作园景树,也可盆栽观赏。

图 2.91 红叶石楠(一)

图 2.92 红叶石楠(二)

3)**苹果** *Malus pumila* Mill.,**蔷薇科苹果属**

【别名】平安果、智慧果、苹婆。

【识别特征】落叶乔木,高可达 15 m,树干灰褐色,老皮有不规则的纵裂或片状剥落,小枝幼时密生绒毛,后变光滑,紫褐色。单叶互生,椭圆形至卵形,长 5 ~ 10 cm,先端尖,缘有圆钝锯齿,幼时两面有毛,后表面光滑,暗绿色。伞房花序,花朵白色带红晕,径 3 ~ 5 cm。果多扁球形,直径多在 5 cm 以上,两端均凹陷。花期 4—6 月;果熟期 7—11 月。

【分布习性】原产欧、亚等地,现我国各地栽培广泛。喜光,喜冷凉、干燥的气候,较耐寒。对土壤要求不严,但不甚耐瘠薄,以土层深厚肥沃、排水良好之砂质土壤为宜,寿命较长。

【繁殖栽培】播种繁殖、嫁接繁殖、扦插繁殖。

【园林应用】开花时节繁华满树,秋季果实累累,除作果树生产外,园林中可作庭荫树、园景树等。

图 2.93 苹果(花)

图 2.94 苹果(果枝)

4)**沙梨** *Pyrus pyrifolia*(Burm. f.)Nakai,**蔷薇科梨属**

【别名】糖梨。

【识别特征】落叶乔木,高达 7 ~ 15 m;小枝褐色,光滑,或幼时具绒毛,后脱落;叶卵状椭圆形或卵形,长 7 ~ 12 cm,宽 4 ~ 7 cm,先端长尖,基部圆形或近心形,边缘有锯齿。花白色,每花序有花 6 ~ 9 朵。果实近球形,浅褐色,有果梗。花期 3—4 月,果期 7—8 月。优良品种较多。

【分布习性】我国长江流域及西南、华南各地分布较多。喜光,温暖、湿润的气候,耐旱、耐水湿,耐寒力不强。根系发达,适生于疏松、肥沃的酸性土或钙质土中。

【繁殖栽培】播种、扦插、嫁接繁殖均可。果树生产多以嫁接繁殖为主。

【园林应用】除生产水果之外,园林中可作园景树、庭荫树,或营造风景林,开花时节甚是美丽、壮观。也可作盆景,既可观花也可赏果。

图 2.95 　梨花　　　　　　　　　　　　图 2.96 　梨树

紫叶桃 & 撒金碧桃

5)**紫叶桃** *Amygdalus persica* 'Zi Ye Tao',蔷薇科桃属

【别名】红叶桃、红叶碧桃。

【识别特征】落叶小乔木,株高 3 ~ 5 m,树皮灰褐色,小枝红褐色。单叶互生,卵圆状披针形,幼叶鲜红色。花重瓣,桃红色,核果球形,密被短茸毛。花期 4—5 月,果期 6—8 月。

【分布习性】国内广泛栽培。喜光,性喜温暖、向阳的环境,耐寒、耐旱,适于土层深厚、肥沃而排水良好的土壤,不耐水湿和盐碱土。

【繁殖栽培】嫁接、扦插、播种繁殖均可。观赏桃以及经济生产之桃多以嫁接繁殖为主,播种繁殖则主要以生产砧木时采用。

【园林应用】优秀的观花树种,孤植、群植均可,也可作盆栽、切花或桩景等。

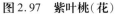

图 2.97 　紫叶桃(花)　　　　　　　　　图 2.98 　紫叶桃

6)**撒金碧桃** *Amygdalus persica* 'versicolor',蔷薇科桃属

此种与紫叶桃同为桃的观赏种,其形态特征、分布习性与园林应用基本与紫叶桃相同,主要

区别在于:叶绿色,花半重瓣,白色、粉色或同一枝条上兼有红色、白色,也有部分白色花瓣有红色条纹。

图2.99　撒金碧桃(花)

图2.100　撒金碧桃

7)**红叶李** *Prunus Cerasifera* f. atropurpurea (Jacq.) Rehd.,**蔷薇科李属**

图2.101　红叶李(花)

图2.102　红叶李

【别名】紫叶李、樱桃李。

【识别特征】落叶小乔木或灌木,高可达8 m;分枝多,枝条细长,开展,暗灰色,小枝暗红色,无毛;叶椭圆形、卵形或倒卵形,紫红色,边缘有圆钝锯齿。花淡粉色,核果近球形或椭圆形,暗酒红色。花期4—5月,果期8—9月。

【分布习性】产于我国新疆,现在各园林中广泛应用。喜光以及温暖、湿润的气候,光照充足则叶色艳丽,光照不足则叶色暗淡。适生于土层疏松、深厚肥沃的土壤。

【繁殖栽培】红叶李多以扦插、嫁接繁殖为主,也可压条、播种繁殖。扦插繁殖多于秋冬季进行;嫁接繁殖可以桃、李、梅或山桃为砧木;压条繁殖宜选择2~4年生枝条进行。

【园林应用】叶色紫红,引人注目,是优秀的彩叶树种之一,可丛植、群植或列植于各型园林绿地之中。

8）梅 *Armeniaca mume* Sieb. *，蔷薇科杏属*

梅

【别名】梅花。

【识别特征】落叶小乔木或灌木，高 4 ~ 10 m；树皮浅灰色或褐紫色，平滑；小枝绿色，光滑无毛。叶卵形或椭圆形，长 4 ~ 8 cm，先端尾尖，基部宽楔形至圆形，叶缘有小锐锯齿；花白色至粉红色均有，单生或两朵同生于 1 芽内，直径 2 ~ 2.5 cm，香味浓，先叶开放，梗短，长 1 ~ 3 mm，常无毛；果实近球形，直径 2 ~ 3 cm，黄色或绿白色，被柔毛，味酸；果肉与核粘连，核椭圆形，顶端圆形而有小突尖头，基部渐狭成楔形，两侧微扁，表面具蜂窝状孔穴。梅冬春季开花，果实 5—6 月成熟。

图 2.103　梅花

【分布习性】梅原产我国西南地区，现全国各地均有栽培，尤以长江流域以南各省最多。梅寿命长，较喜阳光充足、温暖、湿润且通风良好的环境，有一定的耐寒性。对土壤要求不严，耐干旱、瘠薄土地，但以表土疏松、底土稍黏而排水良好的地方种植为好，尤忌积水。

　　作为我国十大传统名花之一，其栽培历史悠久，品种繁多。

【繁殖栽培】扦插、嫁接繁殖为主，也可压条繁殖，培育砧木则多采用播种繁殖。

【园林应用】梅种类及品种繁多，于色、香、姿、韵等方面有独特之美，素有"花中之魁""天下尤物"之称。园林中最宜植于庭院、草坪、缓坡等地，既可孤植、丛植，也可群植、林植等，也可盆栽观赏或制作各式桩景、盆景，花枝可作切花瓶插装饰室内。

图 2.104　绿萼梅

图 2.105　垂枝梅

9）日本晚樱 *Cerasus serrulata* var. *Lannesiana*（Carri.）Makino. *，蔷薇科樱属*

【别名】里樱、重瓣樱花。

【识别特征】落叶小乔木，树高可达 10 m，小枝粗壮，无毛；叶常为倒卵形，长 5 ~ 15 cm，先端渐尖，呈长尾状，缘有重锯齿，叶柄长 1.5 ~ 2 cm。新叶无毛，略带红褐色。伞房花序，有花 1 ~ 5 朵，花朵大而芳香、美丽，单瓣重瓣皆有，粉红或近红色，常下垂；核果卵形，熟时黑色，有光泽。花期 3—5 月。

【分布习性】日本晚樱原产日本,现在我国南京、合肥、杭州、成都、重庆等地广泛栽培。日本樱花属浅根性树种,较喜阳光,有一定的耐寒能力,于深厚肥沃而排水良好的土壤中生长较好。

日本晚樱变型、变种较多,常见栽培的主要有墨染晚樱(f. *subfusca*(Miyos.)Wils.)、白妙晚樱(f. *shirotae*(Koidz.)Wils.)、朱雀晚樱(f. *shujaku*(Koidz.)Hara)、紫晚樱(f. *purpurea*(Miyos.)Nemoto)、关山晚樱(f. *sekiyama*(Koidz.)Hara)、郁金晚樱(f. *grandiflora*(Wagner)Wils.)等。

【繁殖栽培】嫁接繁殖为主,也可播种育苗。嫁接多选用樱桃等做砧木;播种繁殖之后代易于发生变异,故较少采用。

【园林应用】日本晚樱花型丰富且花大色艳、姿态各异。园林中既可作行道树栽植,也可丛植、群植于公园、庭院等绿地,还可以盆栽观赏以及作切花等。

图 2.106　日本晚樱(一)　　　　　图 2.107　日本晚樱(二)

2.21　木犀科

1)*桂花 Osmanthus fragrans*(Thunb.)Lour.,*木犀科木犀属*

桂花

【别名】木犀、岩桂、木樨。

【识别特征】常绿乔木或灌木,最高可达 18 m;树皮灰褐色,不裂。叶革质,椭圆形至椭圆状披针形,长 7～15 cm,宽 2～5 cm,先端渐尖,基部渐狭呈楔形或宽楔形,全缘或上半部具细锯齿,两面无毛。聚伞花序簇生于叶腋;花小,浓香。核果椭圆形,成熟前绿色,成熟后紫黑色。花期9—10 月,果期翌年 3 月。

常见栽培园艺品种主要有金桂(cv. *Thunbergii*)、银桂(cv. *Latifolius*)、丹桂(cv. *aurantiacus*)和四季桂(cv. *semperflorens*)。

【分布习性】原产于我国西南,现各地广泛栽种。性喜温暖、湿润的气候。喜光、稍耐阴,不甚耐旱。对土壤要求不太严,尤其适宜土层深厚、疏松肥沃、排水良好的微酸性砂质土壤。抗污染能力较强。

【繁殖栽培】扦插繁殖为主,也可播种、嫁接繁殖。扦插繁殖于春季发芽前,剪取1年生枝条作插穗,也可夏季软枝扦插。播种繁殖于果实成熟后采收、揉搓去除种皮,洗净阴干后即可播种。嫁接繁殖可用女贞、小叶女贞、白蜡和流苏等作砧木。

【园林应用】桂花四季常青,枝繁叶茂,秋季开花,芳香四溢,园林中常作园景树、庭荫树、行道树等。

图2.108　桂花(果)

图2.109　桂花

图2.110　丹桂

图2.111　四季桂

2)女贞 *Ligustrum lucidum* Ait.,木犀科女贞属

【别名】白蜡树、冬青。

【识别特征】常绿乔木,高可达10 m。树皮灰色,小枝有皮孔。叶革质,卵形至卵状披针形,长6~15 cm,宽3~8 cm,全缘,两面无毛。花白色,圆锥花序顶生,长8~20 cm,花梗短;核果卵状椭圆形,蓝黑色,被白粉。花期5—7月,果期10月至翌年3月。

【分布习性】我国长江流域及以南各省区有分布,西北也可见。女贞喜温暖、湿润的气候,稍耐阴、不甚耐旱。生长快,萌芽力强,耐修剪,但不耐瘠薄土地。对大气污染物如SO_2、Cl_2、HF等均有较强抗性。

【繁殖栽培】扦插、播种繁殖。扦插可于春、夏、秋季进行。播种繁殖时,种子采收后宜随采随播,或阴干贮藏至次年春播,忌阳光暴晒。砂藏层积至翌春播种。

【园林应用】女贞枝干扶疏,枝叶茂密,树形整齐,可孤植或丛植,也可作行道树植于道旁。

图 2.112　女贞(果)

图 2.113　女贞

2.22　山龙眼科

1) 银桦 *Grevillea robusta* A. Cunn. ex R. Br.，山龙眼科银桦属

【别名】澳洲银桦。

图 2.114　银桦(叶)

图 2.115　银桦

【识别特征】常绿大乔木,高 10～25 m;树皮暗灰色,具浅皱纵裂;嫩枝被锈色绒毛。叶互生,长 5～20 cm,二回羽状深裂,裂片 7～15 对,裂片狭长渐尖,边缘反卷,背面被银白色柔毛;总状花序,橙黄色,蓇葖果。花期 4—5 月,果期 6—8 月。

【分布习性】原产澳大利亚,世界各地广泛栽培。我国华南、西南各地有引种。喜光、喜温暖、湿润的气候,较耐旱、不耐寒。在肥沃、疏松、排水良好的微酸性土壤上生长良好。耐烟尘,病虫害少。

【繁殖栽培】播种繁殖为主,播前宜浸种催芽。

【园林应用】树干通直,高大挺拔,树冠整齐,适宜作行道树、庭荫树、园景树等。

2) 红花银桦 *Grevillea banksii* R. Br.,山龙眼科银桦属

【别名】贝克斯银桦、班西银桦。

【识别特征】常绿小乔木或灌木,树高可达5 m左右,幼枝有毛。叶互生,一回羽状裂叶,小叶线形,叶背密生白色毛茸。总状花序,顶生,花色橙红至鲜红色。蓇葖果歪卵形,扁平,熟果呈褐色。春至夏季开花,花期长。

【分布习性】原产澳大利亚,世界各地广泛栽培。我国华南、西南各地有引种。喜光,喜温暖、湿润的气候。适应能力强,可耐干旱贫瘠土地,较耐旱、不耐寒。对 SO_2、HF 等有毒、有害气体有较强抗性。

【繁殖栽培】组织培养可有效打破其繁殖困难的瓶颈。有种源的情况下也可播种繁殖。

【园林应用】红花银桦树形优美、花期悠长,适宜作花境、庭院、道路绿等,孤植、丛植、群植均可。

图2.116　红花银桦(花)

图2.117　红花银桦

2.23　桃金娘科

1) 红千层 *Callistemon rigidus* R. Br.,桃金娘科红千层属

【别名】瓶刷子树、红瓶刷。

【识别特征】常绿小乔木;树皮坚硬,灰褐色;嫩枝有棱,初时有长丝毛,后脱落。叶革质,线形,长6～10 cm,宽3～6 mm,先端尖,初时有丝毛,后脱落,中脉在两面均突起,叶柄极短。穗状花序生于枝顶,花瓣绿色,卵形,雄蕊长2～3 cm,鲜红色。蒴果半球形,长5 mm,宽7 mm,先端平截。花期6—8月。

【分布习性】原产澳大利亚,我国西南、华南、东南等地有引种栽培。喜暖热气候,能耐烈日酷暑及干旱瘠薄土地,不很耐寒、不耐阴。生长缓慢,萌芽力强,耐修剪,侧根少,不耐移植。

【繁殖栽培】播种、扦插繁殖。果实成熟后即刻采收取种,随即与细砂混匀撒播,月余发芽。扦插可于春季剪取半成熟不开花的侧枝作插穗,40天左右即可生根。

【园林应用】树姿优美,花形奇特,适应性强,广泛应用于各类园林绿地中,可孤植、丛植、群植以及盆栽观赏等。

图2.118　红千层(干)

图2.119　红千层

2) 白千层 *Melaleuca leucadendron* Linn.**,桃金娘科白千层属**

【别名】脱皮树、千层皮、玉蝴蝶。

【识别特征】乔木,高可达18 m;树皮灰白色,厚而松软,呈薄层状剥落;嫩枝灰白色。叶革质、互生,披针形或狭长圆形,长4~10 cm,宽1~2 cm,两端尖,基出脉3~5条,有浓郁香气;穗状花序生于枝顶,白色,长达15 cm。蒴果近球形,直径5~7 mm。每年开花多次。

【分布习性】原产澳大利亚,现我国华南、东南常见栽培,西南偶见栽培。喜温暖、潮湿的环境,要求阳光充足。适应性强,能耐干旱、高温及瘠瘦土壤,略耐寒。

【繁殖栽培】播种、扦插繁殖为主,其余同红千层。

【园林应用】白千层树皮美观,树姿优美,可作行道树、园景树,也可盆栽观赏。

图2.120　白千层(花)

图2.121　白千层

3) 蒲桃 *Syzygium jambos*(Linn.)Alston,**桃金娘科蒲桃属**

【别名】水蒲桃、铃铛果。

【识别特征】常绿乔木,高可达10 m左右。分枝宽广、小枝圆形。叶片革质,披针形为主,长12~25 cm,宽3~5 cm,先端长渐尖。聚伞花序顶生,白色,直径3~4 cm,花瓣分离,阔卵形。

果实球形,果皮肉质,直径 3~5 cm,成熟时黄色。花期3—4月,果实5—6月成熟。

【分布习性】我国华南、东南、西南各地有栽培。性喜暖热、湿润的气候,喜光、耐干旱,对土壤要求不严、根系发达、生长迅速、适应性强。

【繁殖栽培】播种、扦插繁殖。蒲桃种子有后熟阶段,不宜随采随播,故采收后贮藏 1~2 个月再播发芽率高。蒲桃扦插容易生根,可于春梢萌发前进行,也可生长期进行扦插。

【园林应用】树冠丰满浓郁,可作庭荫树、园景树以及防风固堤树种。

图 2.122　蒲桃(叶)

图 2.123　蒲桃

2.24　石榴科

石榴

石榴 Punica granatum Linn. ,石榴科石榴属

【别名】安石榴、花石榴。

【识别特征】落叶小乔木或灌木,高 2~10 m,全体无毛。嫩枝有棱,多呈方形,枝端常呈尖刺状。叶纸质,长披针形至长圆形,长 2~8 cm,宽 1~2 cm。花两性,红色为主,少数黄色、粉色等,1 至数朵顶生或腋生。浆果近球形,乳白色至红色均有。花期5—6月,果期9—10月。

【分布习性】我国南北均有栽培。喜温暖、向阳的环境,耐旱、耐寒,也耐瘠薄,不耐水湿和荫蔽。对土壤要求不严,但以排水良好的土壤为宜。

【繁殖栽培】扦插、嫁接繁殖为主,也可压条、播种繁殖。扦插繁殖可于萌芽前自健壮植株剪取 1~2 年生枝条作插穗。珍稀品种,可空中压条法进行繁殖。

【园林应用】石榴树姿优美、花大色艳、果形奇特,可孤植、丛植于庭院、公园、风景区等地,也可对植于门庭、列植于道旁,或制作桩景、盆景。

图 2.124　石榴(果)

图 2.125　石榴

2.25　蓝果树科

1)珙桐 *Davidia involucrata* Baill. ,蓝果树科珙桐属

【别名】鸽子树。

图 2.126　珙桐(花)

图 2.127　珙桐(叶)

【识别特征】落叶乔木,高 15～20 m。树皮深灰色,常裂成不规则的薄片而脱落。当年生枝略带紫,无毛。叶纸质、互生,阔卵形,长 9～15 cm,宽 7～12 cm,边缘有粗锯齿,背面密被丝状粗毛。花杂性同株,顶生头状花序由 1 朵两性花和多数雄花构成,下方有两枚大型卵状椭圆形的白色花瓣状苞片,苞片花后脱落。核果椭圆形,长 3～4 cm。花期 4—5 月,果期 10 月。

【分布习性】我国华中、西南各地有野生分布,其他各地偶见引种。喜温凉、湿润的气候,略耐寒。喜半阴,适生于土层深厚、肥沃、疏松而排水良好的酸性至中性土壤,不耐盐碱和干燥。

【繁殖栽培】播种、扦插繁殖。珙桐种皮坚硬、后熟期长,一般需数年后方发芽,故多数种子未及发芽已腐烂,故播种繁殖发芽率甚低。扦插繁殖多选 1 年生枝条作插穗,于春季芽萌动前进行。

【园林应用】珙桐树形优美,花开时节似满树鸽子栖息,观赏价值甚高。园林中常作庭荫树、行道树,植于池畔、溪旁及疗养所、宾馆、展览馆等附近。

2) 喜树 *Camptotheca acuminata* Decne. ,蓝果树科喜树属

【别名】千丈树、旱莲木。

【识别特征】落叶大乔木,高可达 30 m。树干直,树皮灰色,纵裂成浅沟。一年生小枝绿色。单叶互生,纸质,卵状椭圆形至长椭圆形,长 5 ~ 20 cm,先端尖,全缘或幼苗之叶疏生锯齿。花单性同株,雌雄花均头状,常数个成总状式复花序。果香蕉形,长 2 ~ 3 cm,聚生成球状。花期 6—7 月,果期 9—11 月。

【分布习性】我国长江流域及以南各地分布较多。喜光、稍耐阴,喜温暖、湿润的气候,略耐水湿、不耐干旱瘠薄,适生于土层深厚、肥沃、疏松之土壤,萌芽力强,抗病虫能力强。

【繁殖栽培】喜树多以播种繁殖为主。取成熟果实,将其摊开晒干、去杂,种子干藏或湿沙贮藏至早春播种。

【园林应用】树冠整齐,干通直,可作行道树、庭荫树以及营造防风固沙林等。

图 2.128 喜树(花)

图 2.129 喜树(果)

2.26 大戟科

1) 秋枫 *Bischofia javanica* Bl. ,大戟科秋枫属

【别名】秋风子、大秋枫、红桐。

【识别特征】常绿或半常绿大乔木,高达 40 m,胸径可达 2.3 m;树干通直,分枝略低,树皮褐色,幼树树皮近平滑,老树皮粗糙,砍伤树皮后流出汁液红色,干凝后呈淤血状;三出复叶,稀 5 小叶,总叶柄长 8 ~ 20 cm,小叶纸质,卵形至椭圆状卵形,长 7 ~ 15 cm,宽 4 ~ 8 cm,先端急尖或短尾状渐尖,边缘有粗钝锯齿;花小,雌雄异株,圆锥花序腋生,下垂;浆果,圆球形或近圆球形,直径 6 ~ 13 mm,蓝黑色;种子长圆形,长约 5 mm。花期 4—5 月,果期 8—10 月。

【分布习性】产于我国,各地广泛分布,南亚、东南亚等地也有分布。喜阳,稍耐阴,喜温暖而耐

寒力较差。对土壤要求不严,能耐水湿,根系发达,抗风力强,在湿润肥沃的砂质土壤上生长最好。

【繁殖栽培】播种繁殖。于秋季果实成熟后,揉搓去除果肉等杂质、晾干装袋干藏或湿沙贮藏至次年春季播种。

【园林应用】秋枫树体高大,枝繁叶茂,树姿优美,园林中宜作庭荫树、行道树等,可配植于草坪、湖畔、溪边、堤岸等地。

2)**重阳木** *Bischofia polycarpa* (Levl.) Airy Shaw,**大戟科秋枫属**

　　本种识别特征、分布习性以及园林应用与秋枫基本相同,主要区别在于:落叶乔木,小叶叶缘有细锯齿,总状花序,浆果红褐色。

图 2.130　秋枫　　　　　　　　　图 2.131　重阳木(果)

3)**乌桕** *Triadica sebifera* (Linn.) Small,**大戟科乌桕属**

【别名】腊子树、桕子树。

【识别特征】落叶乔木,高可达 15 m,各部均无毛而具乳状汁液,树皮暗灰色;枝广展,具皮孔。叶互生、菱形或菱状倒卵形,纸质,长 3~8 cm,宽 3~9 cm,先端尾状渐尖,全缘。花单性,雌雄同株,有萼片、无花瓣,穗状圆锥花序,顶生,长 6~12 cm,上部雄花,下部 1~4 朵雌花。蒴果梨状球形,成熟时黑色,直径 1~2 cm。花期 4—8 月。

【分布习性】我国中南、华南、西南各地有产。喜光,不耐阴。喜温暖环境,不甚耐寒。适生于深厚肥沃的微酸性土壤。主根发达,抗风力强,耐水湿,寿命较长。

【繁殖栽培】播种繁殖为主,也可根插繁殖。乌桕种子采回后晒干、去杂,干藏至翌年春播。播前可用草木灰温水浸种,以去除种子外被的蜡质层。根插繁殖主要利用乌桕根系较强的萌蘖性。

【园林应用】乌桕树冠整齐,叶形秀丽,秋叶变橙红,壮丽美观,可孤植、丛植于草坪边缘、湖畔池边等,也可作护堤树、庭荫树及行道树等。

图 2.132　乌桕(一)

图 2.133　乌桕(二)

4)油桐 *Vernicia fordii*（Hemsl.）Airy Shaw,**大戟科油桐属**

【别名】桐油树、桐子树。

【识别特征】落叶乔木,高达 10 m,树冠伞形;树皮灰色,近光滑;枝条粗壮,无毛,具明显皮孔。叶卵圆形,长 8~18 cm,宽 6~15 cm,先端尖,基部心形,全缘,稀 1~3 浅裂,叶柄与叶片近等长,几无毛,顶端有两枚暗红色腺体。雌雄同株,花白色,直径可达 5 cm,多呈圆锥状聚伞花序或伞房花序,先叶或花叶同放;果近球状,皮光滑,直径 4~6 cm,含种子 3~5 枚,可榨桐油。花期 3—4 月,果期 9—10 月。

【分布习性】油桐原产我国,现长江流域及以南各省区广泛栽培,西南、华南各地野生者众。油桐性阳光,不耐寒、不耐贫瘠,喜温暖、湿润的环境,适生于缓坡及背风向阳之地,尤其富含腐殖质、土层深厚、排水良好、中性至微酸性砂质土壤最宜。

【繁殖栽培】播种繁殖为主,春播、秋播均可,播前宜浸种催芽。也可嫁接繁殖、扦插繁殖。

【园林应用】油桐适应性强,花、果、叶均有较高观赏价值。园林中可作行道树、庭荫树等,也是生态造林树种之一。

图 2.134　油桐(花)

图 2.135　油桐(果)

2.27 无患子科

1）无患子 *Sapindus saponaria* Linn.，无患子科无患子属

【**别名**】苦患树、木患子、肥皂树。

【**识别特征**】落叶大乔木，高可达20 m，树皮灰褐色或黑褐色；嫩枝绿色，无毛。羽状复叶，叶连柄长25~45 cm或更长，叶轴稍扁，上面两侧有直槽，无毛或被微柔毛。小叶5~8对，近对生，纸质或薄革质，长椭圆状披针形或稍呈镰形，长7~15 cm，宽2~5 cm，顶端短尖或短渐尖。花小，花序顶生，圆锥形；果近球形，直径2~2.5 cm，橙黄色，干时变黑。春季开花，夏秋果实成熟。

【**分布习性**】我国东部、南部至西南部有产。日本、朝鲜、印度等地也常见栽培。喜光，稍耐阴，不耐水湿，能耐干旱，耐寒能力较强。对土壤要求不严，深根性，抗风力强，萌芽力弱，不耐修剪。生长较快，耐粗放管理，寿命长。对SO_2等有毒气体抗性较强。

【**繁殖栽培**】播种繁殖为主，也可于春季软枝扦插。

【**园林应用**】无患子树干通直，枝叶开展，绿荫稠密，秋季满树金叶，果实累累，是优良观叶、观果、观形树种。园林中适合作行道树、庭荫树等。

图2.136 无患子（果）

图2.137 无患子

2）复羽叶栾树 *Koelreuteria bipinnata* Franch.，无患子科栾树属

【**别名**】灯笼树、摇钱树。

【**识别特征**】落叶乔木，高可达20 m，二回羽状复叶，长可达70 cm，总轴被柔毛。小叶8~10枚，薄革质，卵形，长3.5~6 cm，边缘有锯齿，两面无毛。花黄色，花瓣基部有红色斑，杂性，大型圆锥形花序顶生；蒴果卵形、椭圆形，先端圆，具小凸尖，紫红色。花期8—9月，果期10—11月。

【**分布习性**】主要分布于我国中南及西南等地区。喜光，喜温暖、湿润的气候，深根性，适应性

强,耐干旱,抗风,抗污染能力强,生长速度快。

【繁殖栽培】播种繁殖为主,也可扦插繁殖。播种繁殖于秋季采种后脱粒、净种后秋播,或湿沙层积至翌年早春播种。扦插繁殖多于春季萌芽前剪取1年生枝条作插穗。

【园林应用】复羽叶栾树树体高大、挺拔,夏叶浓密,秋叶金黄,国庆前后其蒴果的膜质果皮膨大如小灯笼,鲜艳美丽,观赏价值极高。园林中可作行道树、庭荫树以及荒山造林等。

图2.138　复羽叶栾树(花)

图2.139　复羽叶栾树(果)

3)**全缘叶栾树** *Koelreuteria integrifoliola* Merr. ,**无患子科栾树属**

　　本种与复羽叶栾树甚相似,主要区别在于:二回羽状复叶,小叶全缘。

　　其分布习性、园林应用基本同复羽叶栾树。

4)**龙眼** *Dimocarpus longan* Lour. ,**无患子科龙眼属**

【别名】桂圆、益智。

【识别特征】常绿乔木,通常高约10 m;小枝粗壮,被柔毛。叶薄革质,长15～30 cm,长圆状椭圆形至长圆状披针形,两侧常不对称。花序大型,多分枝,顶生和近枝顶腋生,密被星状毛;花瓣乳白色,披针形,与萼片近等长。果近球形,直径1～3 cm,黄褐色或灰黄色,表面稍粗糙,或稍有微凸的小瘤体;花期春季,果期夏季。

【分布习性】我国华南、东南、西南各地有分布。喜温暖、湿润的气候,畏霜冻。耐旱、耐瘠、忌低洼积水。

【繁殖栽培】播种繁殖为主,也可扦插繁殖、嫁接繁殖。龙眼种子最宜随采随播,种子取出后混少许砂子,揉搓去除脐部残肉、漂洗并去除劣种后,湿砂层积催芽数天后即可萌发。

【园林应用】树冠繁茂,四季常青,花香浓郁,适宜作行道树、风景林、防护林等。

图 2.140　龙眼(叶)

图 2.141　龙眼

2.28　槭树科

1)**革叶槭** *Acer coriaceifolium* Lérl. ,槭树科槭树属

【**别名**】桂叶槭、樟叶槭。

【**识别特征**】常绿乔木,高可达10 m,树皮淡黑灰色。小枝细瘦,初时被浓密绒毛,后脱落。叶革质,长圆椭圆形或长圆状披针形,长8~12 cm,宽4~5 cm,全缘或近全缘,三出脉。圆锥花序顶生,有柔毛,翅果淡黄褐色。花期4—5月,果期7—9月。

【**分布习性**】我国长江流域及以南有分布。生性强健,性喜充足日照及温暖多湿环境。

【**繁殖栽培**】樟叶槭播种繁殖为主,春播为宜。

【**园林应用**】树形优美,四季常青,可作行道树、庭荫树等。

图 2.142　樟叶槭

2）三角槭 *Acer buergerianum* Miq.，*槭树科槭树属*

【别名】三角枫。

图 2.143　三角槭

【识别特征】落叶乔木，高 5 ~ 15 m。树皮深褐色，粗糙、片状脱落。当年生枝灰褐色，初时被柔毛，后近于无毛；皮孔明显。叶纸质，卵状椭圆形至倒卵形，常 3 浅裂，裂片三角状，全缘或上部有锯齿。伞房花序顶生，有短柔毛。花黄绿色，翅果黄褐色；花期 4 月，果期 10 月。

【分布习性】分布于我国长江流域及以南各地。弱阳性，稍耐阴，较耐水湿。喜温暖、湿润环境及微酸性土壤。

【繁殖栽培】播种繁殖宜秋季采种，当年秋播，或去翅干藏至翌年春播。也可扦插、压条繁殖等。

【园林应用】枝叶浓密，夏季浓荫覆地，入秋叶色变成暗红，秀色可餐。适宜作庭荫树、行道树及固岸护堤树。

2.29　苦木科

臭椿 *Ailanthus altissima*（Mill.）Swingle，*苦木科臭椿属*

图 2.144　臭椿（一）

图 2.145　臭椿（二）

【别名】臭椿皮、大果臭椿。

【识别特征】落叶乔木，高可达 20 m，树皮平滑而有直纹；嫩枝有髓，幼时被黄色或黄褐色柔毛，后脱落。奇数羽状复叶，互生，长 40 ~ 60 cm，叶柄长 7 ~ 15 cm，有小叶 13 ~ 25；小叶对生或互生，纸质，卵状披针形，长 7 ~ 14 cm，宽 2 ~ 5 cm，先端渐尖，基部偏斜，截形或稍圆，全缘，叶柔碎后具臭味。花淡黄色或黄白色，杂性或雌雄异株；翅果纺锤形，扁平，长 3 ~ 5 cm，宽 1 ~ 1.2 cm，圆形或倒卵形。花期 5—6 月，果期 9—10 月。

【分布习性】臭椿在我国以黄河流域为分布中心,东北、华北、西北、华南、西南、东南沿海等区域均有栽培。喜光,不耐阴、较耐寒。适应性强,耐干旱、瘠薄土地,但不耐积水。深根性树种,萌蘖能力强,对土壤要求不严。对烟尘及二氧化硫等有毒气体有较强抗性。

【繁殖栽培】播种繁殖为主,也可分蘖或根插繁殖。播种育苗容易,以春季条播为宜。播前温汤浸种后置于温暖向阳处混沙催芽。

【园林应用】臭椿树体高大挺拔、树干通直,秋季翅果满树,园林中常作行道树、庭院树等。臭椿抗污染能力较强,可孤植、丛植或列植于工厂、矿区等地。

2.30　楝　　科

1）香椿 *Toona sinensis*（A. Juss.）Roem.，楝科香椿属

【别名】香椿芽、香椿铃。

图 2.146　香椿（一）　　　　　图 2.147　香椿（二）

【识别特征】落叶乔木,高可达 25 m;树皮粗糙,深褐色,片状脱落,小枝粗壮,偶数羽状复叶,长 30 ~ 50 cm,小叶 16 ~ 20,对生或互生,纸质,卵状披针形或卵状长椭圆形,长 9 ~ 15 cm,宽 2.5 ~ 4 cm,叶全缘或有疏离的小锯齿,有香气;花白色,圆锥花序,有香气。蒴果狭椭圆形,长 1.5 ~ 3 cm,深褐色,种子一端有膜质的长翅。花期 5—6 月,果熟期 8—10 月。

【分布习性】原产中国中部和南部,现国内各地广泛栽培。香椿喜光,不耐阴,抗寒能力随苗树龄的增加而提高,略耐水湿。对土壤要求不严,适宜生长于河边、宅院周围肥沃湿润的土壤中,以土壤为好。根系深,萌蘖、萌芽力强,对有毒气体抗性较强。

【繁殖栽培】香椿的繁殖以播种繁殖为主,也可扦插、分蘖、埋根等法繁殖。

【园林应用】香椿树体高大挺拔,枝繁叶茂,嫩叶红色,适合作庭荫树、行道树,也可配植于疏林、庭院、斜坡、池畔等处。

2）楝 *Melia azedarach* Linn.，楝科楝属

【别名】苦楝、哑巴树。

【识别特征】落叶乔木,高 15 ~ 20 m;树皮灰褐色,纵裂。树冠开张,近于平顶,小枝粗壮,皮孔多而明显。2 ~ 3 回奇数羽状复叶,长 20 ~ 40 cm;小叶对生,卵形、椭圆形至披针形,边缘有钝锯齿,顶生小叶略大。花朵小,有香味,花瓣白中透紫,在衰败的过程中,逐渐变白,四下弯曲分散。

核果球形至椭圆形,长1~2 cm,熟时黄色,宿存树上,经冬不落,种子椭圆形。花期4—5月,果熟期10—11月。

【分布习性】产于我国华南至华北,西北、西南等地区有分布。楝树喜光以及温暖、湿润气候,不耐阴蔽、不甚耐寒,幼树在华北地区较易受到冻害。楝树对土壤要求不严,于酸性、中性和碱性土壤中均能生长,轻度盐渍地上也能良好生长,但以在土层深厚、肥沃、湿润的土壤中生长最好。楝树萌芽力强,抗风、生长快、寿命较短。

【繁殖栽培】楝树多于春季播种繁殖,也可于早春进行枝插或根插繁殖。

【园林应用】楝树树形美观,枝叶茂密,且耐烟尘,抗二氧化硫能力强,并能杀菌,是城市绿化及工矿厂区绿化的优良树种之一。园林中适宜作庭荫树、行道树等,也可于草坪中孤植、丛植或配植于池畔、路缘、坡地等处。

图2.148　楝树(花)

图2.149　楝树

3)川楝 *Melia toosendan* Sieb. et Zucc.,楝科楝属

本种习性、用途等与楝树甚相近,主要区别在于:本种小叶全缘或有不明显疏齿,果椭圆形或近圆形,长约3 cm,径约2.5 cm。花期3—4月,果熟期10—11月。

4)米仔兰 *Aglaia odorata* Lour.,楝科米仔兰属

【别名】米兰、树兰、鱼仔兰。

【识别特征】灌木或小乔木,常绿,高4~7 m,茎多分枝,树冠圆球形。幼枝顶部被星状锈色的鳞片。羽状复叶,小叶3~5枚,倒卵形至长椭圆形,长2~7 cm,全缘,对生;花小,径2~3 mm,黄色,极芳香,成圆锥花序腋生,长5~10 cm;浆果卵形或近球形,长约1.2 cm,无毛。花期5—11月,果期7月至翌年3月。

【分布习性】原产东南亚,现广泛栽植于热带、亚热带地区。我国华南庭院习见栽培,长江流域也有。喜温暖,忌严寒,喜光,忌强阳光直射,稍耐阴,不耐旱。宜疏松、肥沃、富有腐殖质且排水良好的土壤。

【繁殖栽培】米仔兰常用扦插或压条法繁殖。扦插可于夏季选择当年生半木质化枝条进行;压条繁殖则于生长季节采用高空压条法进行,梅雨季节压成活率较一般时节更高。

【园林应用】米仔兰枝叶茂密,四季常青,花香且美,是优秀庭院香化植物之一。园林中可配植庭院、盆栽布置室内,也可点缀草坪等地,景观效果甚好。

图 2.150 米仔兰(一)

图 2.151 米仔兰(二)

2.31 芸香科

1)**柚** *Citrus maxima*(Burm.）Merr.,**芸香科柑橘属**

【**别名**】文旦、橙子、大麦柑。

图 2.152 柚(果)

图 2.153 柚

【**识别特征**】常绿小乔木。树冠圆球形,嫩枝绿色、有棱,有长而略硬的刺。叶大而厚,色泽浓绿,宽卵形至宽椭圆形,先端圆或钝,叶长 9 ~ 16 cm,宽 4 ~ 8 cm;全缘或边缘具不明显的圆裂齿;花白色,单生或簇生于叶腋,香气浓。果大,横径通常 10 cm 以上,圆球形、扁圆形、梨形等,成熟时淡黄或黄绿色,果皮较厚。花期4—5月,果期9—10月。

【**分布习性**】我国栽培柚的历史悠久,现在华南、东南、西南等地均有栽培。柚喜温暖、湿润的气候,不耐旱、不耐寒,也不耐瘠薄土地,较耐湿。喜疏松、肥沃、排水良好之砂质土壤。

【繁殖栽培】播种繁殖多用于繁殖砧木,果树生产上则主要采取扦插、嫁接方式繁殖苗木。少量生产可压条繁殖。

【园林应用】树体高大,叶色浓绿,果大而美,观赏、食用价值都很高。园林中可结合果实生产,种植于公园、庭院的亭、堂、院落角隅等处,或草地边缘、湖塘池边,也可作行道树、庭荫树。

2) 柑橘 *Citrus reticulata* Blanco,芸香科柑橘属

【别名】宽皮橘,蜜橘,红橘。

【识别特征】常绿小乔木或灌木,小枝较细,无毛。枝刺短或无。单身复叶,披针形、椭圆形或阔卵形,长4~10 cm,宽2~3 cm,先端钝,全缘或有锯齿。花黄白色,单生或2~3朵簇生;果扁圆形至近圆球形,皮薄而光滑,或厚而粗糙,易剥离,淡黄色、朱红色或深红色均有,果肉或酸或甜。花期4—5月,果期9—11月。

【分布习性】柑橘原产我国,分布于长江流域,现世界各地广泛栽培。喜温暖气候,不甚耐寒,低于−7 ℃即受冻害,宜疏松、肥沃、湿润的土壤。

【繁殖栽培】柑橘播种繁殖容易,植株根系发达,生长健壮,适应性强等,多用于生产砧木。生产中多采用扦插、嫁接法繁殖良种。

【园林应用】柑橘四季常青,枝繁叶茂。春季香花满树,秋季金果累累,除作为果树栽培外,园林中可植于庭院、风景区、公共绿地等,既有较好的观赏价值,又有很高的经济收益。

图 2.154 柑橘(果)

图 2.155 柑橘

3 灌木类被子植物

3.1 木兰科

1) 紫玉兰 *Yulania liliflora* (Desr.) D. L. Fu,木兰科玉兰属

图3.1 紫玉兰(一)

图3.2 紫玉兰(二)

【别名】辛夷。

【识别特征】落叶灌木,高3~5 m,树皮灰色,小枝淡紫色。叶倒卵圆形至宽椭圆形,长8~18 cm,宽3~10 cm,先端急尖或渐尖,基部渐狭沿叶柄下延至托叶痕,叶面深绿色,幼嫩时疏生短柔毛,背面灰绿色,沿脉有短柔毛;花蕾卵圆形,被淡黄色绢毛;花叶同时开放,瓶形,直立于粗壮、被毛的花梗上,稍有香气。花朵外侧紫色或紫红色,内侧带白色。聚合果深紫褐色,变褐色,圆柱形,长7~10 cm。花期3—4月,果期9—10月。

【分布习性】我国华中、西南、华南及东南各地有栽培。喜温暖、湿润和阳光充足的环境,不甚耐

寒,喜肥沃、湿润而排水良好的土壤,不耐旱和盐碱土,肉质根,怕水淹。

【繁殖栽培】分株、压条和播种繁殖。分株繁殖主要用利刀将根部萌蘖带根切下,另栽即可。播种繁殖可于秋季采收种子后砂藏至翌年春播,3～4周萌芽。

【园林应用】紫玉兰是优秀的早春花木,花大色艳、气味幽香,适宜孤植、丛植或散植于庭院、公园等地。

2）**含笑** *Michelia figo*（Lour.）Spreng. ,*木兰科含笑属*

【别名】含笑梅、山节子、香蕉花。

【识别特征】常绿灌木,高2～3 m,树皮灰褐色,分枝繁密;芽、嫩枝,叶柄,花梗均密被黄褐色柔毛。叶革质,狭椭圆形或倒卵状椭圆形,长4～10 cm,宽2～5 cm。花直立,淡黄色,或花瓣边缘略带紫红色,有香气。花期3—5月,果期7—8月。

【分布习性】原产我国华南地区,现长江流域及以南广泛栽培,北方多盆栽。性喜半阴,忌强光直射,不耐干旱,略耐寒,适生疏松、肥沃的微酸性土壤。

【繁殖栽培】扦插繁殖为主,也可嫁接、播种和压条。扦插于花后进行,剪取当年生新梢作插穗。嫁接繁殖可用紫玉兰、黄兰作砧木,于早春腹接或枝接。播种繁殖于秋季采收种子后砂藏至翌年春季播种。压条繁殖主要于夏季进行。

【园林应用】树形优美,花香叶绿,适合种植于公园、小游园、街头绿地等处,也可盆栽观赏。

图3.3　含笑（花）

图3.4　含笑

3.2　蜡梅科

蜡梅

蜡梅 *Chimonanthus praecox*（Linn.）Link ,*蜡梅科蜡梅属*

【别名】金梅、腊梅、香梅。

【识别特征】落叶灌木,高可达4 m;幼枝四方形,老枝近圆柱形,灰褐色。叶纸质至近革质,卵圆形、椭圆形、宽椭圆形至卵状椭圆形,有时长圆状披针形,长5～25 cm,宽2～8 cm,先端渐尖,全缘,叶面有硬毛。花单生叶腋,蜡黄色,香气浓郁,径2～4 cm;果坛状或倒卵状椭圆形,长2～

5 cm。花期 11 月至翌年 2 月,果期 6—8 月。

【分布习性】我国华南、东南、西南、华中、西北等地有栽培。性喜阳光,能耐阴、耐寒、耐旱,忌渍水。适生于土层深厚、肥沃、疏松、排水良好的微酸性砂质土壤,盐碱地生长不良。耐修剪,易整形。

【繁殖栽培】分株、嫁接繁殖为主,也可播种、扦插、压条繁殖等。分株繁殖宜叶芽刚萌动时进行,用利刀按每丛 2～3 根茎杆劈开,移出另栽。嫁接繁殖可切接、腹接等法。播种繁殖多与夏秋采收成熟果实,取出种子干藏至翌春播种。

【园林应用】冬春时节花香怡人,是名贵观花树种。宜配置于庭院、公园、小游园等地,丛植、群植、散点植、片植均可,也可盆栽。

图 3.5　蜡梅(花)

图 3.6　蜡梅(果)

图 3.7　蜡梅

3.3　小檗科

1) 小檗 *Berberis thunbergii* DC.,小檗科小檗属

【别名】日本小檗。

【识别特征】落叶灌木,高 2~3 m。幼枝紫红色,老枝灰棕或紫褐色,有沟槽。刺单一,多不分叉。叶倒卵形或匙形,长 0.5~2 cm,先端钝,全缘。两面无毛,正面暗绿,背面灰绿。花黄色,簇生呈伞形花序,浆果长椭圆形,长约 1 cm,鲜红色。花期 5—6 月,果期 8—9 月。

【分布习性】原产我国及日本,现国内各地广泛栽培。对光照要求不严,喜光也耐阴,喜温凉湿润的气候环境,耐寒性强,也较耐干旱瘠薄,忌积水。对土壤要求不严,萌芽力强,耐修剪。

【繁殖栽培】播种繁殖以春播为主,播前做好种子消毒与催芽处理。扦插繁殖夏秋均可进行。

【园林应用】枝细密有刺,春有小黄花,秋叶变红且累累红果,适宜作刺篱、地被,也可作盆栽。

　　紫叶小檗(cv. *Atropurpurea*)为小檗的变型,国内各地广泛栽培。与小檗相比,其识别特征、分布习性、园林应用基本相同,主要区别在于其叶紫红色,观赏价值更高。

图 3.8　小檗　　　　　　　　　　　　　图 3.9　紫叶小檗

　　同属常见栽培尚有细叶小檗、刺檗等,分布习性及园林应用与小檗极相近,主要区别在于:细叶小檗叶狭倒披针形,全缘或中上部疏生锯齿。花黄白色,下垂呈总状花序;刺檗则刺 3 分叉,叶长圆状匙形,基部渐狭成叶柄,叶缘有刺状锯齿。花黄白色,下垂呈总状花序。

图 3.10　细叶小檗　　　　　　　　　　　图 3.11　刺檗

2)**十大功劳** *Mahonia fortunei*(Lindl.)Fedde,**小檗科十大功劳属**

十大功劳

【别名】狭叶十大功劳、猫刺叶、黄天竹、土黄柏。

【识别特征】常绿灌木,高 0.5~4 m,全体无毛。奇数羽状复叶,小叶 5~9 枚,有叶柄,狭披针形,长 8~10 cm,革质、有光泽,先端急尖或稍渐尖,边缘有刺 6~13

对。总状花序、长 3 ~ 5 cm,黄色。浆果近球形,蓝黑色,被白粉。花期7—9月,果期9—11月。

【分布习性】产于我国西南、华中,现各地广泛栽培。耐阴、喜温暖、湿润的气候,不耐暑热,有一定耐寒性,较耐旱,怕水涝,对土壤要求不严。

【繁殖栽培】十大功劳的播种繁殖,宜将种子用湿润沙子贮藏至次年春季进行。分株繁殖主要在秋季或早春进行。扦插繁殖可在早春剪取健壮的1 ~ 2年生枝条作插穗,也可夏季软枝扦插。

【园林应用】叶形奇特、黄花似锦,可植于庭院、林缘等地,也可与假山、假石相配,或盆栽布置室内。

图 3.12 十大功劳

图 3.13 十大功劳(果)

3)阔叶十大功劳 *Mahonia bealei*（Fort.）Carr.,小檗科十大功劳属

【别名】黄天竹、土黄连、八角刺。

【识别特征】常绿灌木或小乔木,高可达5 m。奇数羽状复叶,小叶9 ~ 15枚,卵形至卵状椭圆形,长5 ~ 12 cm。革质、正面绿色,背面有白粉,叶缘反卷,每侧有刺2 ~ 5个。总状花序直立,黄色、有香气。浆果卵形,深蓝色,被白粉。花期4—5月,果期9—10月。

【分布习性】原产我国,现在华南、西南、中南、华中、华东等地常见栽培。

【繁殖栽培】同十大功劳。

【园林应用】四季常绿,树形雅致,叶形奇

图 3.14 阔叶十大功劳

特,花果美丽,可植于庭院、公园之池畔、山石旁等处,也可盆栽布置室内。

4)南天竹 *Nandina domestica* Thunb.,小檗科南天竹属

南天竹

【别名】南天竺。

【识别特征】常绿小灌木,茎常丛生而少分枝,高1 ~ 3 m,幼枝常为红色,后渐呈灰色。三回羽状复叶,互生,小叶薄革质,椭圆状披针形,长2 ~ 10 cm,全缘,深绿色,冬季易于变红色;花小,构成直立顶生圆锥花序、白色,具芳香;浆果球形,直径5 ~ 8 mm,熟前绿色,熟后红色。花期5—6月,果期9—11月。

【分布习性】产于我国长江流域及日本,现各地习见栽培。性喜温暖及湿润的环境,耐半阴。适

生于肥沃、湿润而排水良好的砂质土壤。对水分要求不甚严格,生长较慢。

【繁殖栽培】分株繁殖可于春秋两季掘出植株,自根系薄弱处剪断成带根系的株丛,每丛带茎干2~3个,另行栽植即可。播种繁殖需将采收后的成熟种子果皮果肉去除,砂藏层积至次春播种,也可秋播。扦插多早春进行,也可于梅雨季节或秋季扦插。

【园林应用】茎干丛生,枝叶扶疏,秋冬红果累累,宜丛植于庭院、草地边缘等处,也可盆栽观赏。

图 3.15　南天竹(果)

图 3.16　南天竹

3.4　金缕梅科

红花檵木

1)**红花檵木** *Loropetalum chinense* var. *rubrum* Yieh,**金缕梅科檵木属**

【别名】红继木、红桎木。

图 3.17　红花檵木(花)

图 3.18　红花檵木

【识别特征】常绿灌木或小乔木,小枝纤细、多分枝,有柔毛。叶小,椭圆状卵形,先端钝尖,长2~5 cm,宽1.5~2.5 cm,全缘,终年紫红色。花两性、红色。蒴果木质,种子黑色有光泽。花期4—6月。

【分布习性】原产我国中南,现南方各地广泛引种栽培。喜光、稍耐阴,但光照不良时叶色变淡。适应性强、耐旱、耐寒、耐瘠薄土地。萌芽力,耐修剪。

【繁殖栽培】播种繁殖可于秋季蒴果尚未裂开时,分批采摘取种播种,也可次春播种。春播前宜温水浸种 1～2 d。扦插繁殖可软枝扦插,也可硬枝扦插。嫁接繁殖则适宜春季切接、夏秋季芽接。

【园林应用】枝繁叶茂、花叶紫红,多于路旁、林缘种植作绿篱,或搭配模纹花坛,也可用于制作盆景、桩景以及造型树等。

2) 蚊母树 *Distylium racemosum* Sieb. et Zucc. ,金缕梅科蚊母树属

【别名】蚊母、蚊子树。

【识别特征】常绿灌木,嫩枝有鳞秕。叶革质,椭圆形或倒卵状椭圆形,长 3～7 cm,宽 1.5～3.5 cm,先端钝,无毛、全缘。总状花序,长约 2 cm,雌雄花在同一个花序上,雌花位于顶端。蒴果卵圆形,长 1～1.5 cm。

【分布习性】分布于我国东南、中南等地,现南方各地常见栽培。喜光,稍耐阴,喜温暖、湿润的气候,耐寒性不强。对土壤要求不严,萌芽力强,耐修剪。有较强的抗烟尘及有毒气体能力,新叶生长时易于遭受寄生蚜产卵而形成虫瘿。

【繁殖栽培】扦插繁殖为主,也可播种繁殖。扦插繁殖多于春季、秋季就行,选取当年生半木质化枝条作插穗。

【园林应用】枝叶密集,树形整齐,叶色浓绿,可用于工矿区绿化绿化或植于路旁、草坪边缘等地,丛植、片植或作绿篱均可。

图 3.19　蚊母树(花)　　　　图 3.20　蚊母树

3.5　桑　科

1) 桑 *Morus alba* Linn. ,桑科桑属

【别名】桑树。

【识别特征】落叶灌木或小乔木,高 3～10 m,树皮厚,灰色。叶卵形或广卵形,长 5～15 cm,宽 5～12 cm,边缘有粗钝锯齿,有时叶不规则分裂。花单性异株,柔荑花序。聚花果卵状椭圆形,成熟时黑紫色、白色均有,俗称桑葚。花期 3—4 月,果期 5—8 月。

【分布习性】原产我国中部和北部,现国内各地均有栽培。喜光,幼时稍耐阴。喜温暖、湿润的气候,耐寒、耐干旱、耐水湿能力强。对土壤的适应性强,于土层深厚、湿润、肥沃土壤中生长最佳。萌芽力强、耐修剪。根系发达,抗风力强,有较强的抗污染能力。

【繁殖栽培】桑扦插繁殖极易成活,根插、枝插均可。也可播种、嫁接繁殖等。

【园林应用】树冠宽阔,树叶茂密,适于城市绿地、工矿厂区等地绿化,也可作防护林。

图3.21　桑(叶)　　　　　　　　　　图3.22　桑(果)

2) 无花果 *Ficus carica* Linn.,桑科榕属

【别名】映日果、蜜果、品仙果。

【识别特征】落叶灌木或小乔木,高3~10 m,分枝多,材质较软。小枝直立,粗壮,光滑无毛。叶厚纸质或近革质,表面粗糙,广卵圆形,长10~20 cm,宽8~20 cm,通常3~5裂,边缘有不规则钝齿。隐花果肉质,梨形或球形,直径3~5 cm,绿色,熟时紫红色。花果期5—7月。

【分布习性】原产地中海沿岸,现我国南北均有栽培。喜温暖、湿润的气候,耐瘠、耐旱,不耐低温严寒和水涝。以向阳、土层深厚、疏松肥沃、排水良好的砂质土壤或黏质土壤栽培为宜。

【繁殖栽培】扦插繁殖极易成活,春夏秋季均可进行。分株繁殖可于秋季挖取母株根际周围的根蘖苗,另行栽植即可。也可播种、压条繁殖。

【园林应用】树势优雅,滞尘降噪效果好,适宜在庭院、公园等地栽种,也可作荒山绿化、营造防护林等。

图3.23　无花果(叶)　　　　　　　　图3.24　无花果

3.6 山茶科

山茶

1）山茶 *Camellia japonica* Linn. , 山茶科山茶属

【别名】红山茶、茶花。

【识别特征】常绿灌木或小乔木，高 2 ~ 10 m，嫩枝无毛、淡褐色。叶厚革质，椭圆形、卵形皆有，长 5 ~ 10 cm，宽 2 ~ 5 cm，先端略尖或钝，无毛。花无柄、顶生，花色丰富，直径 6 ~ 8 cm；果近球形，直径 2.5 ~ 3 cm。花期 1—3 月，果期 9—10 月。常见栽培的园艺品种超过 3 000 种。

【分布习性】山茶主要分布于我国和日本，现在我国中部及南方各地多有栽培。喜温暖、湿润气候和空气流通的环境，适生于排水良好、疏松、肥沃的微酸性砂质土壤。

【繁殖栽培】扦插繁殖成活率高，多在夏季和秋季进行。山茶也可嫁接、压条及播种繁殖。

【园林应用】株形优美、花型丰富、花色艳丽，是优秀庭院花木，孤植、丛植、群植及专类园均可，也可盆栽观赏。

图 3.25　山茶

图 3.26　茶梅

2）茶梅 *Camellia sasanqua* Thunb. , 山茶科山茶属

【别名】茶梅花。

【识别特征】常绿灌木或小乔木，高约 5 m，树冠球形或扁圆形。树皮粗糙，条状剥落，嫩枝有毛。叶互生，椭圆至长圆卵形，革质，边缘有细锯齿，长 3 ~ 6 cm。花色多样，白、红、粉色皆有，略芳香，直径 3 ~ 76 cm。蒴果球形，直径约 2 cm，稍被毛。花期 9 月至翌年 1 月。

【分布习性】我国长江流域及以南地区多栽培。性强健，喜光，喜温暖、湿润的气候，较耐寒。适生于疏松、肥沃、排水良好的酸性砂质土壤中。

【繁殖栽培】同山茶。

【园林应用】茶梅树形优美、花叶茂盛，可于庭院、草坪中孤植、丛植、群植，也可以配置于花坛、花境，或盆栽布置室内。

3）油茶 *Camellia oleifera* Abel , 山茶科山茶属

【别名】茶子树、茶油树、白花茶。

图 3.27　油茶（花）

图 3.28　油茶

【识别特征】灌木或小乔木,嫩枝有毛。叶革质,椭圆至倒卵形,长 4~7 cm,宽 2~4 cm,边缘有细锯齿,叶柄长 4~8 mm,有毛。花顶生,近无柄,白色。蒴果球形或卵圆形,直径 2~4 cm,1 室或 3 室。花期冬春间。

【分布习性】我国南方高山及丘陵地带广泛分布。喜温暖、湿润气候,稍耐寒,喜半阴,忌烈日。对土壤要求不甚严格,宜土层深厚、疏松、肥沃之微酸性土壤。

【繁殖栽培】扦插繁殖、嫁接繁殖,也可播种繁殖。秋季果实成熟后及时采收、脱壳阴干,或砂藏存放至次春播种。扦插繁殖则夏秋均可,宜夏季之 5—6 月最佳。

【园林应用】油茶枝叶茂密,繁花朵朵,可丛植、群植、林植,也可盆栽观赏或作绿篱等。

3.7　藤黄科

1)金丝桃 *Hypericum monogynum* Linn. ,藤黄科金丝桃属

【别名】金丝海棠。

图 3.29　金丝桃（花）

图 3.30　金丝桃

【识别特征】半常绿小灌木,高 0.5~1.3 m。小枝对生,光滑无毛。叶纸质、对生,长椭圆形,长 3~8 cm,宽 1~2.5 cm,全缘。花朵直径 3~5 cm,顶生单生或呈聚伞花序,花瓣 5 枚、金黄色,

雄蕊 25～35 枚,长于花瓣。蒴果卵圆形,长约 8 mm。花期 5—8 月,果期 8—10 月。

【分布习性】我国华南、华东、华中、西南各地均有分布。适应能力强,喜光,略耐阴,适生于湿润、半阴之处,不甚耐寒。

【繁殖栽培】分株、扦插或播种繁殖均可。分株繁殖可早春进行,较易成活。扦插繁殖宜在早春萌芽前取硬枝扦插,也可夏季取带踵的嫩枝扦插。播种主要以春播为主。

【园林应用】金丝桃花叶秀丽,是我国南方庭院中常见的观赏花木。宜植于庭

图 3.31　金丝梅(花)

院、假山及路旁等处,也可点缀草坪、盆栽观赏或作切花材料。

2)**金丝梅** *Hypericum patulum* Thunb. ex Murray,**藤黄科金丝桃属**

　　本种与金丝桃非常相似,主要区别在于:金丝梅雄蕊短于花瓣。

　　其分布习性、园林应用等与金丝桃基本相同。

3.8　锦葵科

1)**扶桑** *Hibiscus rosa-sinensis* Linn.,**锦葵科木槿属**

【别名】朱槿、大红花。

【识别特征】落叶灌木,株高 1～3 m,直立多分枝。叶互生、阔卵形或狭卵形,长 4～9 cm,宽 2～5 cm,先端渐尖,边缘具粗齿、基部全缘。花单生于上部叶腋间,常下垂,花梗长 3～7 cm,直径 6～10 cm,既有单瓣,也有重瓣,雄蕊柱超出花冠。花色丰富,玫瑰红、淡红、淡黄、白色等均有。蒴果卵形,平滑无毛,有喙。四季可花,尤夏秋为甚。

图 3.32　扶桑(花)

图 3.33　扶桑

【分布习性】我国南部分布较多。阳性植物,喜温暖、湿润的气候,不耐阴、不耐寒、不耐旱。生性强健、管理简单,对土壤的适应范围较广,能较好适应环境污染。耐修剪,萌芽能力强。

【繁殖栽培】常用扦插繁殖,生长期均可进行,以梅雨季节最佳,成活率甚高。也可春秋季嫁接繁殖,适宜扦插成活率低的重瓣品种,枝接、芽接均可,用单瓣扶桑作砧木。

【园林应用】花大色艳,花期绵长,可孤植、丛植于池畔、亭侧,点缀庭院等,也可以盆栽观赏。

2)木槿 *Hibiscus syriacus* Linn. ,锦葵科木槿属

木槿

【别名】篱障花。

【识别特征】落叶灌木,高 3 ~4 m,小枝直立、灰褐色,密被绒毛。叶菱形至三角状卵形,长 3 ~6 cm,宽 2 ~4 cm,不裂或 2 浅裂,边缘具不整齐齿缺。花单生于叶腋,直径 5 ~8 cm,有梗、钟状、单瓣、重瓣均有,淡紫色、粉色、白色、红色等。花期 6—10 月,果实 10—11 月成熟。

【分布习性】长江流域各地有分布,栽培品种较多。喜光而稍耐阴,喜温暖、湿润的气候,较耐寒。萌蘖性强,耐修剪。对土壤要求不严,有较强的抗污染能力。

【繁殖栽培】同扶桑。

【园林应用】枝繁叶茂,花大色艳,花期绵长,是优秀的庭院花木之一。可孤植、丛植于窗前屋后、庭院以及工矿厂区等地,也可盆栽布置室内。

图 3.34　木槿(花)

图 3.35　木槿

3)垂花悬铃花 *Malvaviscus penduliflorus* Candolle. ,锦葵科悬铃花属

【别名】小悬铃花、南美朱槿、卷瓣朱槿。

【识别特征】常绿小灌木,嫩枝和叶初被绒毛。叶色浓绿,边缘有浅齿;花腋生,梗长约0.5 cm,有绒毛,花朵呈吊钟状下垂,花瓣不展开。全年可开花。

【分布习性】原产南美洲,现分布于世界各地热带及亚热带地区。喜温暖、湿润的气候及阳光充足、通风良好的环境,耐热、耐旱、耐瘠、不耐严寒,对土壤要求不严。

【繁殖栽培】扦插繁殖为主,也可分株繁殖。扦插繁殖适宜在夏、秋季节剪取健壮、充实的半木质化嫩枝进行。

【园林应用】生长迅速,花型奇特,适宜在庭园、公园等地配植,孤植、丛植,也可配植于花境、花坛,或盆栽观赏。

图 3.36 垂花悬铃花(一)

图 3.37 垂花悬铃花(二)

4)金铃花 *Abutilon pictum*(Gillies ex Hook.)Walp.,锦葵科苘麻属

【别名】风铃花、灯笼扶桑、灯笼花。

图 3.38 金铃花(一)

图 3.39 金铃花(二)

【识别特征】常绿灌木,高 2 ~ 3 m。叶互生、掌状 3 ~ 5 深裂,直径 5 ~ 8 cm,边缘具锯齿或粗齿;叶柄长、无毛;花单生叶腋,形似风铃。花期长,5—10 月为甚。

【分布习性】原产南美洲,我国各大城市多有引种栽培。喜温暖、湿润气候,不耐寒。喜阳光,稍耐阴、耐瘠薄,但以肥沃、湿润、排水良好的微酸性土壤较好。

【繁殖栽培】扦插、嫁接繁殖。扦插繁殖适宜在夏、秋季节剪取健壮、充实的半木质化嫩枝进行。

【园林应用】枝条柔软,花大美丽,观赏价值甚高,园林中可布置花丛、花境,也可作盆栽,悬挂花篮等。

3.9 杨柳科

图 3.40　银芽柳

银芽柳 *Salix argrracea* E. L. Wolf，**杨柳科柳属**

【别名】棉花柳、银柳。

【识别特征】落叶灌木,高 2 ~ 3 m。枝绿褐色,略具红晕,幼时具绢毛,后脱落。叶长椭圆形,长 9 ~ 15 cm,缘具细锯齿,叶背面密被白毛,近革质。雄花序椭圆柱形,长 3 ~ 6 cm,早春叶前开放,盛开时花序密被银白色绢毛,甚是美观。

【分布习性】我国东北、华北、华东等地有栽培。银芽柳喜光以及湿润气候,较耐寒。适应性强,在土层深厚、湿润、肥沃的环境中生长良好。

【繁殖栽培】扦插繁殖为主,春秋均可。

【园林应用】与旱柳近似,多配植于池畔、河岸、湖滨、堤防等处。也可冬季剪取枝条作插花。

3.10 杜鹃花科

1) **春鹃** *Rhododendron x pulchrum* Sweet，**杜鹃花科杜鹃花属**

【别名】毛鹃、锦绣杜鹃。

【识别特征】常绿灌木,高可达 2 ~ 3 m。小枝、叶等均密被棕褐色柔毛。叶纸质,长椭圆形,长 5 ~ 10 cm,宽 1 ~ 3 cm,顶端尖,基部楔形。花鲜红或深红等色,宽漏斗状,数朵簇生于枝端。蒴果卵圆形,长约 1 cm,有毛。花期 4—5 月,果熟期 10 月。

【分布习性】春鹃的园艺品种很多,在国内广泛分布。性喜凉爽、湿润、通风的半阴环境,既怕酷热又怕严寒,适生于酸性土壤,为酸性土指示植物。

【繁殖栽培】扦插、嫁接繁殖为主,也可压条或播种繁殖。扦插繁殖宜夏季选取当年生枝条作插穗。嫁接繁殖多用毛鹃做砧木,劈接或腹接法均可,可一砧多穗。

【园林应用】花、叶秀丽美观,适宜植于湿润而有庇荫的林下、岩际、溪边、池畔及草坪边缘等处,丛植、群植均可,也可用于制作盆景。

2) **夏鹃** *Rhododendron simsii* Planch.，**杜鹃花科杜鹃花属**

【别名】紫鹃。

【识别特征】常绿灌木,高 2 ~ 5 m,分枝多而纤细,密被棕褐色糙毛。叶近革质,常集生枝端,卵形至倒披针形,长 2 ~ 5 cm,宽 1 ~ 2 cm,先端短渐尖,基部楔形或宽楔形,边缘微反卷,具细齿。花数朵簇生枝顶,单瓣、重瓣均有,红、紫、粉、白或复色等。蒴果卵球形,长约 1 cm,密被糙毛。

花期5—8月,果期8—10月。

【分布习性】夏鹃的园艺品种很多,西南、华中、华东及华北等地广泛栽培。喜半阴环境,耐寒怕热,要求土壤肥沃、疏松、透气、偏酸性。

【繁殖栽培】同春鹃。

【园林应用】同春鹃。

图3.41　春鹃

图3.42　夏鹃

3)**西鹃** *Rhododendron hybrida* Hort.,**杜鹃花科杜鹃花属**

【别名】西洋杜鹃、比利时杜鹃、杂种杜鹃。

图3.43　西鹃(一)

图3.44　西鹃(二)

【识别特征】常绿小灌木。枝、叶表面疏生柔毛。分枝多,一年生枝绿色或红色,与花色有关。叶卵圆形,深绿色,聚生枝顶,大小间于春鹃与夏鹃之间。花型大小不一,花色多变,紫色、红色、白色、复色均有。也有同株异花、同花多色等特点。

【分布习性】西鹃园艺品种繁多,现我国各地广泛栽培。喜温暖、湿润的气候及凉爽、通风的半阴环境。适生于疏松、肥沃、富含有机质及排水良好的微酸性砂质土壤。

【繁殖栽培】同春鹃。

【园林应用】西鹃花色、花型多变,宜盆栽观赏,也可与山石相配或植于溪边、池畔及草坪边缘等地。

3.11　紫金牛科

1）紫金牛 *Ardisia japonica*（Thunb.）Blume，紫金牛科紫金牛属

【别名】短脚三郎、凉伞盖珍珠。

【识别特征】常绿小灌木，高15～30 cm。叶对生或近轮生，纸质或近革质，椭圆形至椭圆状倒卵形，顶端急尖，基部楔形，长4～7 cm，宽1.5～4 cm，边缘具细锯齿。花序近伞形，腋生或近顶生。两性花，白色。果球形，直径5～6 mm，鲜红色，经久不落。花期5—6月，果期11—12月至次年5—6月皆有。

【分布习性】我国长江流域及以南各地有分布。喜温暖、湿润的环境，喜荫蔽或半阴环境，忌阳光直射。适宜生长于富含腐殖质、排水良好的砂质土壤。

【繁殖栽培】分株繁殖常在春秋两季进行，即切分根状茎，确保每段根状茎至少有一分枝，另行栽植即可。紫金牛种子当年极少萌发，可将成熟果实采收后，去除果皮、洗净晾干后低温砂藏层积至翌年4—5月播种。

【园林应用】枝叶常青，秋果红艳，经久不凋，适宜盆栽观果，也可以与岩石相配、点缀草坪等。

2）朱砂根 *Ardisia crenata* Sims，紫金牛科紫金牛属

【别名】大罗伞，平地木。

图3.45　紫金牛

图3.46　朱砂根

【识别特征】常绿矮小灌木，高1～2 m，不分枝。单叶互生、纸质、椭圆形，长6～10 cm，宽2～3 cm，叶缘有波状钝锯齿，齿间有黑色腺点。伞形花序顶生，两性花，白色或红色。果球形，直径5～6 mm，鲜红色经久不落。花期5—6月，果期10—12月，有时果期为2—4月。

【分布习性】同紫金牛。

【繁殖栽培】同紫金牛。

【园林应用】同紫金牛。

3.12 海桐科

海桐

海桐 *Pittosporum tobira*（Thunb.）Ait.，海桐花科海桐花属

【**别名**】七里香、宝珠香、山瑞香。

【**识别特征**】常绿灌木，高可达6 m，嫩枝被褐色柔毛，有皮孔。叶互生、革质，倒卵形或倒卵状披针形，长4~9 cm，宽1.5~4 cm，正面深绿色有光泽，背面浅绿色，全缘，常聚生于枝顶呈假轮生状。伞形花序或伞房状伞形花序顶生或近顶生，花白色，有芳香，后变浅黄色。蒴果圆球形，有三棱，被黄褐色柔毛。种子多数，红色。花期4—6月，果熟期10—12月。

【**分布习性**】我国长江流域及其以南各地庭园习见栽培观赏。对气候的适应性较强，喜光，略耐阴。喜温暖、湿润的气候及疏松、肥沃的土壤，略能耐寒冷。对二氧化硫、氟化氢、氯气等有毒气体抗性强。

【**繁殖栽培**】播种、扦插繁殖。秋季采果后取出种子，拌草木灰揉搓去除假种皮及胶质，洗净，阴干后砂藏层积处理，翌春播种。扦插于早春剪取1~2年生嫩枝作插穗。

【**园林应用**】海桐枝叶繁茂，树冠近球形，叶色浓绿、有光泽，可孤植、丛植于草地边缘、林缘，或列植于道路两旁、营造海岸防潮林、防风林及矿区绿化，也可盆栽观赏等。

图 3.47　海桐（一）

图 3.48　海桐（二）

3.13 蔷薇科

1）粉花绣线菊 *Spiraea japonica* Linn. f.，蔷薇科绣线菊属

【**别名**】日本绣线菊。

【**识别特征**】直立灌木，高可达1.5 m；枝细长、开展，小枝光滑或幼时有细毛。单叶互生，卵状披针形至披针形，边缘具缺刻状重锯齿，叶面有皱纹并散生细毛，背略带白粉。花期5月，复伞房花序，生于当年生枝端，花粉红色。果期8月，蓇葖果，卵状椭圆形。

【**分布习性**】原产日本、朝鲜等地，现我国各地有栽培。喜光，能耐半阴，耐寒性较强、不耐积水、

略耐干旱。能耐瘠薄土地,但在疏松、肥沃、富含有机质的土壤中生长发育良好。

【繁殖栽培】粉花绣线菊可分株、扦插或播种繁殖。播种繁殖可于秋季种子成熟后,采摘、晒干、脱粒、贮藏,翌年春天播种;分株繁殖多于春季结合移植等,从母株上分离萌蘖条,适当修剪后分栽;粉花绣线菊的嫩枝和硬枝都可以扦插,但嫩枝的扦插成活率高于硬枝扦插。

【园林应用】粉花绣线菊夏季开花,且花朵繁多,颜色娇艳,可配植于花坛、花境、草坪及园路角隅等处,也可用作基础种植。

图3.49　粉花绣线菊(一)

图3.50　粉花绣线菊(二)

2)火棘 *Pyracantha fortuneana*(Maxim.)Li,蔷薇科火棘属

【别名】红军粮、救军粮、火把果。

图3.51　火棘(花)

图3.52　火棘

【识别特征】常绿灌木,高达3 m;侧枝短,先端成刺状,嫩枝外被锈色短柔毛,老枝暗褐色,无毛;芽小,外被短柔毛。叶片倒卵形或倒卵状长圆形,长1.5~6 cm,先端圆钝或微凹,有时具短尖头,基部楔形,下延至叶柄,叶缘有圆钝锯齿,齿尖内弯;白色,3—5月开花,成复伞房花序,径3~4 cm;果实近球形,直径约0.5 cm,橘红色或深红色,8—11月成熟。

【分布习性】火棘分布于我国黄河以南及广大西南地区,尤其适生于海拔500~2 800 m的山地灌丛中或溪边。喜强光,也稍耐阴。耐贫瘠、抗干旱、不甚耐寒,喜空气湿润。对土壤要求不严,而以排水良好、湿润、疏松的中性或微酸性土壤为好。

【繁殖栽培】播种、扦插繁殖均可。播种繁殖时,于秋冬季采收果实后去除果肉,冲洗干净种子,即可播种,也可砂藏至次春播种;扦插繁殖则宜选取 1～2 年生枝作插穗,11 月至翌年 3 月均可进行,成活率较高。

【园林应用】火棘适应能力强,耐修剪,喜萌发,枝叶茂盛,夏季白花繁密,入秋红果累累。园林中适宜作绿篱,也可作为基础性栽植,丛植、孤植于草地边缘、园路转角处等。火棘也是盆景制作的优良素材之一。

3)贴梗海棠 *Chaenomeles speciosa*(Sweet)Nakai,蔷薇科木瓜属

【别名】皱皮木瓜。

贴梗海棠

图 3.53　贴梗海棠(花)

图 3.54　贴梗海棠

【识别特征】落叶灌木,高达 2 m,枝条直立开展,有刺;小枝圆柱形,微屈曲,无毛,紫褐色或黑褐色,有疏生浅褐色皮孔;叶卵形至椭圆形,稀长椭圆形,长 3～9 cm,先端急尖,稀圆钝,基部楔形至宽楔形,边缘具有尖锐锯齿。叶柄长约 1 cm,托叶大,革质,肾形或半圆形,稀卵形,边缘有尖锐重锯齿。先花后叶或花叶同放,常 3～5 朵簇生于二年生老枝上,花梗短粗;花径 3～5 cm,萼筒钟状,花瓣倒卵形或近圆形,基部延伸成短爪,长 10～15 mm,猩红色,稀淡红色或白色;果球形或卵球形,直径 4～6 cm,黄色或黄绿色,味芳香,果梗短或近于无梗。花期 3—5 月,果期9—10 月。

【分布习性】产于我国陕西、甘肃、四川、重庆、贵州、云南、广东、浙江、山东等地,现各地广泛栽培。温带树种,适应性强。喜光,也耐半阴。耐寒、耐旱、耐瘠薄土地。对土壤要求不严,在肥沃、排水良好的黏土、土壤中均可正常生长,唯忌低洼和盐碱地。

【繁殖栽培】扦插、分株、压条以及播种繁殖均可。扦插繁殖可采发育较好的 1～2 年生的枝条于春季萌芽前或秋季落叶后扦插;分株可于秋季或早春进行;压条繁殖一般在春、秋两季于老树周围挖穴,再把生长于其根部的枝条弯曲下来,压入其中促其生根发芽;播种繁殖则春播、秋播均可。

【园林应用】贴梗海棠多早春先花后叶,簇生枝间,色彩浓艳,尤其重瓣品种更为夺目,是优良的观花树种之一。夏秋时节,果实累累,且姿态多变,是赏果优良的树种之一。园林中可在公园、庭院、校园、广场以及道路两侧等地配植贴梗海棠,可孤植、丛植以及制作各种造型盆景。

4) **垂丝海棠** *Malus halliana* Koehne，蔷薇科苹果属

【别名】垂枝海棠。

【识别特征】落叶小乔木，高可达 5 m，树冠疏散，枝开展。小枝细弱，微弯曲，圆柱形，最初有毛，不久脱落，紫色或紫褐色。叶卵形或椭圆形至长椭卵形，长 3.5 ~ 8 cm，先端长渐尖，基部楔形至近圆形，锯齿细钝或近全缘，质较厚实，表面有光泽。中脉有时具短柔毛，其余部分均无毛，上面深绿色，有光泽并常带紫晕。叶柄长 5 ~ 25 mm，幼时被稀疏柔毛，老时近于无毛；托叶小，膜质，披针形，内面有毛，早落。伞房花序，具花 4 ~ 6 朵，花梗细弱，长 2 ~ 4 cm，下垂，有稀疏柔毛，紫色；花瓣倒卵形，长约 1.5 cm，基部有短爪，粉红色。果梨形或倒卵形，直径 6 ~ 8 mm，略带紫色，果梗长 2 ~ 5 cm。花期 3—4 月，果期 9—10 月。

【分布习性】产于我国华中、华东、西南各地，现国内各地广泛栽培。性喜阳光，不耐阴，也不甚耐寒，喜温暖、湿润的环境，适生于阳光充足、背风之处，不耐水涝，忌积水。对土壤要求不严，微酸或微碱性土壤均可生长，但以土层深厚、疏松、肥沃、排水良好略带黏质的生长最佳。

【繁殖栽培】垂丝海棠可采用扦插、分株、压条等法繁殖。扦插多于春插进行，分株繁殖多于早春将母株根际萌发的小苗分离开来，保留须根，剪去干梢，另行栽植即可。

【园林应用】垂丝海棠种类繁多，树形多样，叶茂花繁，丰盈娇艳，观赏价值甚高。园林中可在门庭两侧对植，或在亭台周围、丛林边缘、水滨布置，或列植或丛植于公园游步道旁等，也是制作盆景的好材料。

图 3.55　垂丝海棠（花）

图 3.56　垂丝海棠

5) **棣棠花** *Kerria japonica*（Linn.）DC.，蔷薇科棣棠花属

【别名】棣棠、地棠、鸡蛋黄花、土黄条、蜂棠花、金棣棠梅等。

【识别特征】落叶灌木，高 1 ~ 2 m，少数可 3 m；小枝细长绿色，圆柱形，无毛，常拱垂，嫩枝有棱角。单叶互生，三角状卵形或卵圆形，长 4 ~ 8 cm，顶端长渐尖，基部圆形、截形或微心形，边缘有尖锐重锯齿，两面绿色，上面无毛或有稀疏柔毛，下面沿脉或脉腋有柔毛；叶柄长 5 ~ 10 mm，无毛，托叶早落。花黄色，径 5 ~ 6 cm，单生于当年生侧枝顶端，梗无毛；瘦果倒卵形至半球形，褐色或黑褐色，表面无毛，有皱褶。花期 4—6 月，果期 6—8 月。

【分布习性】我国南方城市习见栽培。喜温暖、湿润和半阴的环境，不耐严寒。对土壤要求不

严,以肥沃、疏松的土壤生长最好。常见栽培变型有:重瓣棣棠花(f. *pleniflora*(Witte)Rehd.)、金边棣棠花(f. *aureo-variegata* Rehd.)和银边棣棠花(f. *picta*(Sieb.)Rehd.)等。

【繁殖栽培】以分株、扦插和播种法繁殖等法为主。分株繁殖可在早春和晚秋进行;扦插则在早春时选用未发芽的一年生枝作插条,梅雨季节可选用嫩枝进行扦插;播种繁殖多春季进行,适合大量繁殖时采用。

【园林应用】棣棠花枝叶翠绿细柔,黄花满树,极具观赏价值。园林中可栽棣棠花于墙隅、花篱、花径等处,也可群植于常绿树丛之前、古木之旁、山石缝隙之中或池畔、水边、溪流及湖沼沿岸等地,甚为美观。

图 3.57　棣棠

图 3.58　棣棠(花)

月季花

6)月季 *Rosa chinensis* Jacq.,蔷薇科蔷薇属

【别名】月月红、月月花、四季花。

图 3.59　月季(一)

图 3.60　月季(二)

【识别特征】直立灌木,高 1～2 m;小枝粗壮,圆柱形,近无毛,有短粗的钩状皮刺。小叶宽卵形至卵状长圆形,小叶 3～5,稀 7,长 2.5～6 cm,先端长渐尖或渐尖,基部近圆形或宽楔形,边缘有锐锯齿,两面近无毛,上面暗绿色,常带光泽,下面颜色较浅,顶生小叶有柄,侧生小叶片近无柄,总叶柄较长;花数朵集生,稀单生,直径 4～5 cm,重瓣至半重瓣,红色、粉红色至白色皆有。果卵球形或梨形,长 1～2 cm,红色,无毛,萼片脱落。花期 4—9 月,果期 6—11 月。

【分布习性】原产我国,现各地普遍栽培。性喜温暖、日照充足、空气流通的环境。对气候、土壤要求虽不严格,但以疏松、肥沃、富含有机质、微酸性、排水良好的壤土较为适宜。栽培品种极多,常见的变种、变型有:单瓣月季(var. *spontanea*(Rehd. et Wils.)Yü et Ku)、紫月季(var. *semperflorens*(Curtis)Koehne)、小月季(var. *minima* Voss.)、变色月季(f. *mutabilis* Rehd.)、黄月季(var. *mulabilis* Rehd.)等。

【繁殖栽培】月季扦插繁殖极易成活,也可嫁接繁殖,或压条、分株繁殖。嫁接繁殖宜用野蔷薇做砧木。

【园林应用】月季花朵艳丽、色彩丰富,香艳可爱,且其花期长,养护管理简单,可用于园林布置花坛、花境,点缀草坪,配植于园路角隅、庭院、假山等处,也可盆栽及作插花素材等。

7)玫瑰 *Rosa rugosa* thumb.,蔷薇科蔷薇属

【别名】徘徊花、刺玫花、赤蔷薇花。

【识别特征】直立灌木,丛生,落叶性,高可达2 m;茎粗壮,小枝密被绒毛,有直立或弯曲的皮刺,皮刺外被绒毛;小叶5~9对,椭圆形或椭圆状倒卵形,长1.5~4.5 cm,先端急尖或圆钝,基部圆形或宽楔形,边缘有尖锐锯齿,上面深绿色,无毛、叶脉下陷,有褶皱,下面灰绿色,中脉突起,网脉明显,密被绒毛;花单生于叶腋,或数朵簇生,花径4~5.5 cm,重瓣至半重瓣,芳香,紫红色至白色;果扁球形,直径2~2.5 cm。花期5—6月,果期8—9月。

【分布习性】原产我国华北地区,现国内广泛栽培。玫瑰喜阳光充足,耐寒力强,耐干旱,不耐涝,喜排水良好、疏松、肥沃的壤土或轻壤土,在黏土中生长不良,开花不佳。萌蘖能力强,生长迅速。玫瑰栽培品种很多,常见栽培有白花单瓣玫瑰(f. alba-plena Rehd.)、紫花重瓣玫瑰(f. *plena*(Regel)Byhouwer)、白花重瓣玫瑰(f. *albo*(ware)Rehd.)、粉红单瓣玫瑰(f. *rosea* Rehd.)、紫花单瓣玫瑰(f. *typica*(Regel)Byhouwer)等。

【繁殖栽培】玫瑰的繁殖较为简单,可采取播种、扦插、嫁接、压条、分株等方法进行繁殖,但以扦插、嫁接法繁殖为主。

【园林应用】玫瑰花大色艳,味芳香,是城市绿化的理想花木,适用于花篱、花坛、花境及作地被栽植,也可修剪造型,点缀广场草地、堤岸、花池等。

图3.61　玫瑰(一)

图3.62　玫瑰(二)

8)蔷薇 *Rosa multiflora* Thunb.,蔷薇科蔷薇属

【别名】野蔷薇、多花蔷薇、刺花。

【识别特征】落叶攀援灌木;小枝圆柱形,通常无毛,有短、粗稍弯曲皮刺。小叶5~9对,近花序

的小叶有时 3 对,倒卵形、长圆形或卵形,长 1.5～5 cm,先端急尖或圆钝,基部近圆形或楔形,边缘有尖锐单锯齿,稀混有重锯齿,上面无毛,下面有柔毛。花白色,直径 1.5～2 cm,多朵,排成圆锥状花序,花梗长 1.5～2.5 cm,果近球形,直径 6～8 mm,红褐色或紫褐色,有光泽,无毛。花期 5—6 月,果 10—11 月成熟。

【分布习性】原产我国,现华北、华中、华东、华南及西南等地区习见栽培。野蔷薇性强健、喜光、耐半阴、耐寒、对土壤要求不严,在黏重土中也可正常生长,以肥沃、疏松的微酸性土壤最好。耐瘠薄,忌低洼积水。蔷薇变异性强,庭院栽培常见栽培有粉团蔷薇(var. *cathayensis* Rehd. et Wils)、七姊妹(var. *platyphylla* Thory)、白玉堂(var. *albo-plena* Yu et Ku et Ku)等变种、变型。

【繁殖栽培】蔷薇常用分株、扦插或压条法繁殖,也可播种繁殖。

【园林应用】蔷薇花繁叶茂、色香四溢、横斜披展,是优秀的春季观花树种。园林中适宜用于花架、棚架、长廊、粉墙、花柱、栅栏、假山石壁等的垂直绿化,引其攀附。

图 3.63　蔷薇(一)　　　　　　　　图 3.64　蔷薇(二)

3.14　豆　科

1) 金合欢 *Acacia farnesiana* (Linn.) Willd. , 豆科相思树属

【别名】刺球花、牛角花。

【识别特征】常绿灌木或小乔木,树皮粗糙,分枝较多,小枝常呈"之"字形弯曲,有皮孔。托叶长 1～2 cm,针刺状;二回羽状复叶,羽片 4～8 对,长 1.5～3.5 cm,小叶通常 10～20 对,狭长圆形,长 2～6 mm,宽 1～1.5 mm,无毛;头状花序,生于叶腋,球形,直径 1～1.5 cm,金黄色,有香味;荚果膨胀,近圆柱状,长 3～7 cm,直或略弯曲。花期 3—6 月,果期 7—11 月。

【分布习性】金合欢原产美洲热带,我国浙江、台湾、福建、广东、广西、云南、四川、重庆等地有栽培。喜阳光以及温暖、湿润的气候,较耐干旱。宜种植于向阳、背风和肥沃、湿润、疏松肥沃、腐殖质含量高的微酸性土壤中。

【繁殖栽培】金合欢可用播种、扦插、压条、嫁接、分株等方法进行繁殖。

【园林应用】金合欢树势强健,花色金黄,香气浓郁,园林中适宜栽种于公园、庭院等地,既可用于观花灌木、绿篱等,也可用于固土护岸、水土保持及荒山绿化等。

图3.65　金合欢（花）

图3.66　金合欢

紫荆

2）**紫荆** *Cercis chinensis* Bunge，豆科紫荆属

【**别名**】满条红。

图3.67　紫荆（花）

图3.68　紫荆（果）

【**识别特征**】落叶灌木或小乔木，丛生或单生，高2～6 m；树皮和小枝灰白色。叶纸质，近圆形或三角状圆形，长5～10 cm，先端急尖，基部心形，两面通常无毛，嫩叶绿色，仅叶柄略带紫色。花紫红色或粉红色，先叶开放，2～10朵成束，簇生于老枝和主干上，尤以主干上花束较多，越到上部幼嫩枝条则花越少；荚果扁狭长形，绿色，长4～8 cm，宽1～1.5 cm，种子2～6枚，阔长圆形，长5～6 mm，宽约4 mm，黑褐色，光亮。花期3—4月，果期8—10月。

【**分布习性**】分布于我国华北、华东、华南、西南等地，各地常见栽培。暖带树种，喜光，稍耐阴，较耐寒。喜肥沃、疏松、排水良好的土壤，不耐水湿。萌芽力强，耐修剪。本种变型：白花紫荆（f. *alba* P. S. Hsu），花纯白色。

【**繁殖栽培**】用播种、分株、扦插、压条等法均可繁殖，而以春季播种繁殖较为常用。

【园林应用】紫荆早春先叶开花,满树繁花,艳丽可爱,观赏价值高。园林中可植于庭院、公园、草坪边缘、道路绿化带等处,丛植、群植均可。

3)双荚决明 *Senna bicapsularis*(Linn.)Roxb.,豆科决明属

【别名】黄槐、黄花槐、双荚黄槐。

【识别特征】灌木或小乔木,高 4～7 m。偶数羽状复叶,小叶 7～9 对,长椭圆形或卵形,长 2～5 cm,宽 1～1.5 cm,先端圆钝或微凹,下面粉白色,被疏散、紧贴的长柔毛,全缘;花鲜黄色,花瓣长约 2 cm,总状花序生于枝条上部的叶腋内,长 5～8 cm;荚果扁平,带状,开裂,长 7～10 cm,宽 8～12 mm,果柄明显;种子 10～12 枚,有光泽。温暖地带花果全年不绝。

【分布习性】原产印度、斯里兰卡、印度尼西亚等地,现世界各地均有栽培。适应能力强,对土壤、气候等要求不甚严格。

【繁殖栽培】扦插繁殖为主,也可播种育苗。扦插既可枝插,也可根插,一般于冬末初春。相较而言,枝插所繁育的苗木成活率及生长速度更有优势。

【园林应用】黄槐决明树形优美,开花时满树黄花,园林中常作观赏花木或绿篱栽培,也可作行道树、孤植树等。

图 3.69　双荚决明

图 3.70　双荚决明(果)

4)朱缨花 *Calliandra haematocephala* Hassk.,豆科朱缨花属

【别名】红绒球、美洲合欢、红合欢。

【识别特征】常绿灌木,高 1～5 m;枝条扩展,小枝圆柱形,褐色,粗糙。托叶卵状披针形,宿存。1 回羽状复叶,小叶 7～9 对,斜披针形,长 2～4 cm,宽 7～15 cm,基部偏斜,边缘被疏柔毛;头状花序腋生,直径 1～3 cm,淡紫红色,雄蕊突露于花冠之外,非常显著。花期 8—9 月,果期 10—11 月。

【分布习性】原产南美,现热带、亚热带地区常有栽培。阳性植物,喜温暖、湿润和阳光充足的环境,不耐寒,要求土层深厚且排水良好。

【繁殖栽培】扦插、播种繁殖。扦插繁殖多在春季剪取 1～2 年生健壮枝条作插穗。播种繁殖宜秋季采种后干藏至翌年春播种,播前温汤浸种催芽。

【园林应用】花极美丽,略有香味,可植于庭院、公园、草坪边缘、道路绿化带等处,丛植、群植均可。

图 3.71　朱缨花(一)　　　　　　　　图 3.72　朱缨花(二)

3.15　千屈菜科

1)紫薇 *Lagerstroemia indica* Linn.,千屈菜科紫薇属

紫薇

【别名】痒痒树、百日红。

图 3.73　紫薇(一)　　　　　　　　图 3.74　紫薇(二)

【识别特征】落叶灌木或小乔木,高可达 7 m;树皮平滑,灰色或灰褐色;枝干多扭曲,小枝纤细,具四棱,略成翅状。叶互生或有时对生,纸质,椭圆形、阔矩圆形或倒卵形,长 2.5 ~ 7 cm,宽 1.5 ~ 4 cm,顶端短尖或钝形,有时微凹,基部阔楔形或近圆形。花淡红色、紫色或白色,直径 3 ~ 4 cm,常呈顶生圆锥花序;蒴果椭圆状球形或阔椭圆形,长约 1 cm。花期 6—9 月,果期 9—12 月。

【分布习性】我国华南、华中、华东和西南各地习见栽培。喜暖湿气候,喜光,略耐阴、耐旱,对土壤要求不严,喜深厚肥沃的砂质土壤,萌蘖性强。

【繁殖栽培】扦插、播种繁殖。紫薇扦插可春季硬枝扦插或夏季软枝扦插。播种繁殖则于秋季蒴果由青转褐、少数果实微开裂时采收，去掉果皮，将种子干燥储藏至次年春季播种。

【园林应用】紫薇作为优秀的观花乔木，园林中广泛用于公园、庭院、道路绿化，可配植于建筑物前、庭院、池畔、河边、草坪边缘等地，也是作盆景的好材料。

2）萼距花 *Cuphea hookeriana* Walp.，千屈菜科萼距花属

【别名】紫花满天星、红花六月雪。

【识别特征】常绿灌木或亚灌木状，株高 30~70 cm，直立、粗糙。分枝细，密被短柔毛。叶薄革质，披针形或卵状披针形，稀矩圆形。叶长 2~4 cm，宽 5~15 mm，顶端长渐尖，基部圆形至阔楔形，下延至叶柄。花单生叶腋，梗纤细；花小，花瓣6，多紫红色。花期长，春夏秋均可开花。

【分布习性】原产墨西哥，我国南北均有引种栽培。喜温暖、湿润的气候，稍耐阴，不耐寒，气温低于 5 ℃常受冻害。对土壤要求不严，较耐贫瘠土壤，砂质土壤栽培生长更佳，略耐水湿。

【繁殖栽培】扦插、分株繁殖为主。萼距花扦插宜春秋两季进行，夏季也可。分株繁殖亦适合在春秋进行。

【园林应用】植株低矮，耐粗放管理，开花时节则紫花朵朵似繁星，适宜在庭园、公园、路旁等地栽植，可作绿篱、地被以及花坛、花境边缘种植，或与山石相配。

图 3.75 萼距花（一）　　　图 3.76 萼距花（二）

3.16 瑞香科

1）瑞香 *Daphne odora* Thunb.，瑞香科瑞香属

【别名】睡香、千里香、金边瑞香。

【识别特征】常绿直立灌木，高 1~2 m；枝细长光滑，丛生。叶互生，纸质，长椭圆形至倒披针形，长 5~8 cm，全缘，质厚。叶正面绿色，有光泽。花淡紫红色或白色，有浓香。核果肉质、圆球形、红色。花期3—5月，果期7—8月。

图 3.77　瑞香（花）　　　　　　　　　　图 3.78　瑞香

【分布习性】产于我国西南、华东等地。性喜半阴和通风环境,惧暴晒,不耐寒,忌积水。喜肥沃和湿润而排水良好的微酸性土壤,萌发力强,耐修剪。

【繁殖栽培】扦插繁殖为主,春夏秋季均可进行,夏季成活率更高。也可压条、嫁接繁殖等。

【园林应用】瑞香枝干丛生,姿态优美,香气浓郁,适合植于林间空地、林缘道旁,或与山石相配,也可盆栽置于室内观赏。

2）结香 *Edgeworthia chrysantha* Lindl. ,瑞香科结香属

【别名】打结树、黄瑞香。

图 3.79　结香（花）　　　　　　　　　　图 3.80　结香

【识别特征】落叶灌木,小枝粗壮,褐色,幼枝常被短柔毛,韧皮极坚韧,有皮孔。叶纸质,被柔毛,倒披针形或长圆形,长 8 ~ 20 cm,宽 2 ~ 6 cm,先端急尖,全缘。头状花序顶生或腋生,黄色,呈绒球状,有香气。花期冬末春初,果期 7—8 月。

【分布习性】产于我国长江以南各地。喜生于阴湿肥沃地。性喜半阴环境,也耐日晒。喜温暖气候和排水良好、肥沃的砂质土壤。根肉质,怕积水。根茎易生萌蘗。

【繁殖栽培】结香分株、扦插繁殖均易成活。分株繁殖可结合翻盆换土时进行,带根切下母株根部子株另栽即可。扦插繁殖春夏均可进行,6 ~ 7 周生根。

【园林应用】树姿清雅、枝叶美丽、花香宜人、枝条柔软可结而不断,适宜在庭园栽种,丛植、群植均可,也可盆栽造型等。

3.17　桃金娘科

千层金 *Melaleuca bracteata* F. Muell. ，桃金娘科白千层属

【别名】黄金串钱柳、黄金香柳、金叶串钱柳、羽状茶树。

【识别特征】常绿灌木或小乔木，树冠圆锥形。主干直立，枝条密集、细长柔软，嫩枝红色，韧性好，抗风力强。叶细小，四季金黄，经冬不凋，有香气。

【分布习性】原产新西兰、荷兰等，我国长江流域及以南各地有栽培。喜光，适应能力强，对土壤要求不严。深耕细，抗旱耐涝、耐盐碱，较耐寒。生长快、耐修剪。

【繁殖栽培】扦插繁殖较为常用，尤其适宜夏季软枝扦插。也可高空压条繁殖。

【园林应用】千层金树形优美，小叶金黄，适宜于庭园、道路绿化，也可用于海岸绿化、防风固沙等。

图 3.81　千层金（花）

图 3.82　千层金

3.18　山茱萸科

1）红瑞木 *Coruns alba* Linn. ，山茱萸科山茱萸属

【别名】红瑞山茱萸。

【识别特征】落叶灌木，高可达 3 m；树皮紫红色，小枝血红，近四棱，无毛，常被白粉。叶对生，纸质，椭圆形至卵圆形，长 4～8 cm，先端急尖。花小，白色或淡黄白色，核果长圆形，微扁，成熟时乳白色或蓝白色。花期 5—7 月，果期 7—10 月。

【分布习性】我国东北、西北、华北各地有分布，西南、华中、华东也有栽培。喜光，喜温暖、湿润的生长环境，但也甚耐寒。喜疏松、肥沃微酸性土壤。根系发达，萌蘖性强，耐修剪。

【繁殖栽培】播种、扦插或压条繁殖均可。播种繁殖，应将种子砂藏层积至翌年春播。扦插繁殖宜春季剪取 1 年生枝条进行。压条繁殖多在夏季进行，生根后翌春与母株割离分栽。

【园林应用】枝干红艳如珊瑚,是优秀的观茎植物,园林中多丛植于草地、池畔等处,也可用作切花。

图3.83　红瑞木(一)　　　　　　图3.84　红瑞木(二)

花叶青木

2)花叶青木 *Aucuba japonica* var. *variegata*,山茱萸科桃叶珊瑚属

【别名】洒金珊瑚。

【识别特征】常绿灌木,高1~2 m。小枝粗壮,绿色,光滑。叶薄革质或革质,卵状椭圆形或阔椭圆形,长5~15 cm,宽3~6 cm,先端尾状渐尖,边缘微反卷。叶散生有大小不等黄色或淡黄色斑点,叶缘中上部有粗锯齿。圆锥花序顶生,紫红色,果卵形,幼时绿色,熟时鲜红。花期3—4月,果熟11月至翌年4月。

【分布习性】原产我国台湾及日本,现在各地广泛栽培。喜温暖、湿润的环境,耐阴性强,不耐寒,喜肥沃湿润、排水良好的土壤。忌强光暴晒,不甚耐寒。耐修剪,抗污染能力强。

【繁殖栽培】扦插繁殖。

【园林应用】枝繁叶茂,叶斑驳可爱,适宜配置庭院、墙隅、池畔等处,也可盆栽观赏,切枝用作插花等。

图3.85　花叶青木　　　　　　图3.86　花叶青木(果)

3.19　卫矛科

冬青卫矛 *Euonymus japonicus* Thunb.，**卫矛科卫矛属**

【别名】大叶黄杨、正木。

【识别特征】常绿灌木或小乔木，高可达 8 m。小枝绿色，微呈四棱形。叶对生，革质、有光泽，倒卵形至椭圆形，长 3~6 cm，宽 2~4 cm，先端钝圆或急尖，边缘具浅钝锯齿，两面无毛。花白色，聚伞花序，近枝顶腋生。蒴果淡红色、扁球形，径约 8 mm，粉红色。花期 5—6 月，果期 9—10 月。

【分布习性】原产日本南部，现我国南北均有栽培。喜光，叶耐阴。喜温暖、湿润的气候及肥沃、疏松的土壤，耐干旱瘠薄，不甚耐寒。极耐修剪，抗有毒有害气体能力强。常见栽培变种有金边大叶黄杨、金心大叶黄杨、银边大叶黄杨等。

【繁殖栽培】大叶黄杨扦插繁殖极易成活，尤其梅雨季节剪取半木质化枝条作插穗，3~4 周即可生根。也可压条繁殖。

【园林应用】枝叶茂密，四季常青，可作绿篱及背景栽植，也可丛植于草地、列植道旁，或盆栽观赏等。

图 3.87　冬青卫矛　　　　　　　图 3.88　金边大叶黄杨

3.20　冬青科

枸骨

枸骨 *Ilex cornuta* Lindl. et Paxt.，**冬青科冬青属**

【别名】猫儿刺、鸟不宿、枸骨冬青。

【识别特征】常绿灌木或小乔木，高 3~8 m。树皮灰白色，平滑不裂；枝小枝粗壮、开展而密生。叶厚革质，有光泽，长圆形，长 4~8 cm，宽 2~4 cm，缘有宽三角形尖硬锯齿，且齿先端刺状，常向下反卷；花小，黄绿色。核果球形，熟时鲜红色，直径 8~10 mm。花期 4—5 月，果实 9—11 月成熟。

【分布习性】产于我国长江流域及以南各地，现各地广泛栽培。青喜光，稍耐阴、耐干旱瘠薄、不甚耐寒;于温暖气候及疏松、肥沃、排水良好的微酸性土壤生长良好,也能适应城市环境,抗有毒有害气体能力强。生长缓慢;萌蘖力强,耐修剪。常见栽培品种有无刺枸骨(var. *fortunei*)、黄果枸骨等(cv. *Luteocarpa*)。

【繁殖栽培】播种繁殖容易,也可扦插繁殖。播种繁殖可于秋季采收成熟种子,砂藏层积至翌年春季播种,出苗率较高。扦插繁殖适宜梅雨季节进行。

【园林应用】枝叶稠密,叶形奇特,秋果累累,是优秀的观叶、观果树种。适宜作基础种植及配植岩石园,点缀草坪、门庭、园路等,孤植、对植、丛植均可,也可制作盆景。

图3.89　枸骨冬青　　　　　　　　图3.90　无刺枸骨

3.21　黄杨科

1) **黄杨** *Buxus sinica*(Rehd. et Wils.)Cheng,**黄杨科黄杨属**

【别名】瓜子黄杨、锦熟黄杨。

【识别特征】常绿灌木或小乔木,高1~6 m,小枝四棱形,被短柔毛。叶革质,阔椭圆形、阔倒卵形、卵状椭圆形等,长1.5~3.5 cm,宽1~2 cm,先端圆或钝,常有小凹口,不尖锐,基部圆或楔形,中脉凸起,叶面光亮。花序腋生,头状,花密集。蒴果近球形,长6~8 mm。花期3—4月,果期6—7月。

【分布习性】产于我国中部地区,现各地广泛栽培。喜半阴及温暖、湿润的气候,疏松、肥沃的中性至微酸性土壤,耐寒能力较强。萌芽能力强,耐修剪,生长比较缓慢。

【繁殖栽培】黄杨常扦插繁殖育苗,四季均可进行,但以夏季嫩枝扦插成活率高。

【园林应用】黄杨四季常青,枝叶茂密,耐修剪,可作绿篱、大型花坛镶边以及造型树,孤植、丛植、列植、散点植均可,也可用于制作盆景。

2) **雀舌黄杨** *Buxus bodinieri* Levl. ,**黄杨科黄杨属**

　　本种与黄杨高度相似,主要区别在于:雀舌黄杨叶匙形,少数呈狭卵形或倒卵形,长2~4 cm,宽1~2 cm,中脉、侧脉明显凸起。

　　原产我国华南地区,现各地广泛栽培。习性、繁殖及其用途同黄杨。

图 3.91　黄杨

图 3.92　雀舌黄杨

3.22　大戟科

1）变叶木 *Codiaeum variegatum*（Linn.）A. Juss.，大戟科变叶木属

【别名】洒金榕、变叶月桂。

【识别特征】常绿灌木或小乔木,高可达
2 m。枝条无毛,有明显叶痕。叶革质,形状、
颜色差异很大,线形、线状披针形、长圆形、
椭圆形、披针形、卵形等,全缘或分裂。长
5～30 cm,顶端短尖、渐尖至圆钝,浅裂至深
裂,两面无毛,绿色、淡绿色、紫红色、紫红与
黄色相间、黄色与绿色相间或有时在绿色叶
片上散生黄色或金黄色斑点或斑纹;全株具
乳汁;总状花序,雄花白色。蒴果近球形,稍
扁,无毛,直径约 9 mm。花期 9—10 月。

图 3.93　变叶木

【分布习性】原产于马来半岛至大洋洲一
带,我国华南各省区常见露地栽培。喜高温、湿润和阳光充足的环境,不耐寒、不耐旱。喜肥沃、
保水性强的黏质土壤。

【繁殖栽培】变叶木以扦插繁殖为主,也可压条、分株繁殖。扦插繁殖常于早春硬枝扦插或夏季
行嫩枝扦插,成活率较高。

【园林应用】变叶木叶形、叶色多变,是热带、亚热带优良的观叶植物,宜布置公园、道路绿地及
庭园等,丛植、片植均可,也可盆栽室内观赏。

2）红背桂 *Excoecaria cochinchinensis* Lour.，大戟科海漆属

红背桂

【别名】紫背桂、青紫木。

【识别特征】常绿灌木,高达 1 m;枝无毛,有皮孔。叶对生,稀互生或近轮生,纸质,叶狭椭圆形
或长圆形,长 6～15 cm,宽 1～4 cm,顶端长渐尖,基部渐狭,缘具疏细齿,两面均无毛,腹面绿

色,背面紫红或血红色,叶柄长 3 ~ 10 mm;花单性,雌雄异株,呈腋生或顶生的总状花序,雄花序长 1 ~ 2 cm,雌花序由 3 ~ 5 朵花组成,略短于雄花序。蒴果球形,直径约 8 mm,基部平截,顶端凹陷;种子近球形,直径约 2.5 mm。适生地区几乎全年可开花。

【分布习性】我国华南、西南等地有露地栽培,其余各省市多有盆栽观赏者。喜温暖、湿润的气候,不耐寒、不耐旱,耐半阴,忌阳光暴晒,于疏松肥沃、排水良好的砂质土壤生长良好。

【繁殖栽培】红背桂宜扦插繁殖,也可播种育苗等。

图 3.94　红背桂(一)　　　　　　　　图 3.95　红背桂(二)

【园林应用】红背桂株型矮小,枝叶飘飘,叶表翠绿,叶背紫红,可植于庭园、公园、住宅区等地之角隅、墙角、阶下,景观效果良好,也可盆栽观赏。

3)*一品红 Euphorbia pulcherrima* Willd. ex Klotzsch,*大戟科大戟属*

【别名】老来娇、圣诞花、圣诞红、猩猩木。

图 3.96　一品红(一)　　　　　　　　图 3.97　一品红(二)

【识别特征】灌木,直立性强,高 1 ~ 3 m。分枝多,茎光滑,含乳汁。单叶互生,卵状椭圆形、长椭圆形或披针形,长 10 ~ 15 cm,宽 4 ~ 10 cm,全缘或浅裂,叶背有短柔毛;花序数个聚伞排列于枝顶,花序柄长 3 ~ 4 mm;总苞片淡绿色,叶状,披针形,边缘有齿,开花时有红色、黄色、粉红色等。蒴果,三棱状圆形,长 1.5 ~ 2 cm,直径约 1.5 cm,种子卵状,灰色或淡灰色。花期 11 月至次年 3 月。

【分布习性】原产于中美洲,现在广泛栽培于热带和亚热带地区,我国多数省市区均有栽培。喜光以及喜温暖、湿润的气候,对土壤要求不严,但在疏松、肥沃、排水良好的微酸性砂质土壤中生长最佳。

【繁殖栽培】一品红繁殖以扦插为主,多于2—3月选择健壮的1年生枝条作插穗。

【园林应用】一品红植株矮小,苞片红艳耀眼,是优良的观叶植物,可用于布置花坛、花境,也可盆栽观赏。

3.23　槭树科

鸡爪槭 *Acer palmatum* Thunb. ,槭树科槭树属

【别名】鸡爪枫、槭树、七角枫。

【识别特征】落叶小乔木,高可达8 m,树皮深灰色。小枝细瘦;当年生枝紫色或淡紫绿色;多年生枝淡灰紫色或深紫色,光滑。叶纸质,圆形,直径6～10 cm,5～9掌状深裂,通常7裂,裂片长圆状卵形或披针形,先端锐尖或长锐尖,边缘有尖锐锯齿;花小、紫红色,呈顶生伞房花序。翅果长2～3 cm,嫩时紫红色,成熟时淡棕黄色;小坚果球形,两翅张开成钝角。花期5月,果熟期9—10月。

【分布习性】产于我国华东、华中、西南等地海拔200～1 200 m的林边或疏林中。朝鲜、日本也有分布。喜疏阴的湿润环境,怕日光暴晒,抗寒性不强,能忍受较干旱的气候条件,不耐水涝。对土壤要求不严,适宜栽植于富含腐殖质的土壤。生长速度中等偏慢。园艺变种很多,常见栽培的主要有红枫(紫红鸡爪槭)f. *atropurpureum* (Van Houtte) Schwer.、羽毛枫(细叶鸡爪槭)var. *dissectum* (Thunb.) K. Koch、小鸡爪槭(深裂鸡爪槭)var. *thunbergii* Pax. 等。

【繁殖栽培】播种、嫁接或扦插繁殖均可。原种多用播种法繁殖,而园艺变种常用嫁接、扦插法育苗。

【园林应用】鸡爪槭树姿优美,叶形秀丽,可配植于草坪、溪边、池畔、墙隅等处,或与山石相配,意境深远,也可制作盆景等。

图3.98　鸡爪槭(一)

图3.99　鸡爪槭(二)

图 3.100　红枫

图 3.101　羽毛枫

3.24　芸香科

1) 花椒 *Zanthoxylum bungeanum* Maxim.,芸香科花椒属

【别名】山椒、秦椒。

图 3.102　花椒

图 3.103　花椒(果)

【识别特征】落叶小乔木或灌木,高 3~7 m,树皮灰色,小枝上的刺基部宽而扁,呈劲直的长三角形;奇数羽状复叶,互生,小叶 5~11 枚,叶轴上有窄翅,几无柄,卵状长椭圆形,边缘有细锯齿;聚散状圆锥花序黄绿色,顶生或生于侧枝之顶。蓇葖果球形、红色至紫红色,果皮有疣状突起;种子黑色,有光泽。花期 4—5 月,果期 7—8 月。

【分布习性】国内广泛分布,南北均有,尤其陕西、甘肃、四川、重庆等地栽培较多。喜光、不耐阴,尤其适宜于温暖、湿润及土层深厚、肥沃的土壤中生长。耐旱,稍耐寒、不耐水涝,抗病能力强,隐芽寿命长,可耐强修剪。

【繁殖栽培】花椒的繁殖可采用播种、嫁接、扦插和分株等法繁殖。生产中多以播种繁殖为主,春播、秋播均可。

【园林应用】花椒叶色亮绿,秋果累累,加上其全身有刺,园林中可作刺篱培育。此外,花椒根系发达,适应能力强,有良好的水土保持作用,可用于营造生态林,兼具较高的经济价值。

2）九里香 *Murraya exotica* Linn. Mant.,芸香科九里香属

【别名】七里香、千里香、过山香。

【识别特征】常绿小灌木,树高 1～2 m,枝淡黄灰色。叶有小叶 3～7 枚,小叶倒卵形或倒卵状椭圆形、全缘,两侧常不对称,长 1～6 cm,宽 0.5～3 cm,先端圆或钝,有时微凹。花序常顶生,聚伞花序。花白色、芳香。果橙黄至朱红色,阔卵形或椭圆形,径约 1 cm。花期 4—8 月,也有秋后开花,果期 9—12 月。

【分布习性】产于我国华南、东南各地,现我国南方地区常见栽培。喜温暖、湿润的气候,不耐寒。阳性树种,宜植于阳光充足、空气流通及疏松、肥沃且排水良好的砂质土壤之中。

【繁殖栽培】扦插繁殖、压条或嫁接等方法繁殖均可。扦插在春季萌芽前后用硬枝或开花前后用半硬枝扦插均可;压条多于生长季节选取健壮枝条进行;嫁接主要针对优良品种的繁殖,芽接、劈接均可。

【园林应用】九里香树姿秀雅,枝干苍劲,四季常青,花香怡人,可点缀草地、配植于庭院以及制作盆景等。

图 3.104　九里香(一)　　　　　　　图 3.105　九里香(二)

3）枳 *Citrus trifoliata* Linn.,芸香科柑橘属

【别名】枸橘、枳壳。

【识别特征】灌木,高 1～5 m,树冠伞形或圆头形。枝绿色,嫩枝扁,有纵棱,刺长 1～4 cm,刺尖干枯状,红褐色,基部扁平。叶柄有狭长的翼叶,通常有 3 小叶,极少有 4～5 小叶,叶缘有细钝裂齿或全缘,嫩叶中脉被短毛;花白色,单朵或成对腋生,多数先叶开放,偶见先叶后花者;果近圆球形或梨形,大小不一,通常纵径 3～5 cm,横径 3.5～6 cm,果顶微凹,有环圈,果皮暗黄色,粗糙。花期 5—6 月,果期 10—11 月。

【分布习性】产于我国中部,现我国华南、华北、华东、西南等地诸省均有栽培。喜温暖、湿润的气候,稍耐阴、较耐寒、较耐旱。适应能力强,对土壤不苛求,尤喜生于疏松、肥沃、土层深厚的微酸性土壤。萌芽力强,耐修剪。

【繁殖栽培】播种繁殖为主,也可扦插繁殖。播种多于春季进行,耐粗放管理。

【园林应用】枝条绿色而多刺,春季白花满树,秋季黄果累累,可观花观叶赏果。在园林中常作绿篱或屏障树,有较好的防护作用和观赏效果。

图3.106　枳

图3.107　枳(果)

4)金橘 *Citrus japonica* Thunb.,芸香科柑橘属

【别名】罗浮、金柑、金枣、公孙橘。

图3.108　金橘(花)

图3.109　金橘

【识别特征】树高3 m以内,实生苗多有刺,园艺栽培者刺退化。叶质厚,浓绿,卵状披针形或长椭圆形,长5~11 cm,宽2~4 cm,顶端略尖或钝,叶柄长达12 mm;花白色,单花或2~3朵簇生于叶腋,花梗长3~5 mm;果椭圆形或卵状椭圆形,长2~3.5 cm,橙黄至橙红色,果皮味甜,油胞常稍凸起,瓤囊5或4瓣,果肉味酸,有种子2~5枚;种子卵形,端尖,子叶及胚均绿色。自然花期3—5月,果期10—12月。温暖地带盆栽观赏则可全年花开不绝。

【分布习性】我国南方,尤其是台湾、福建、广东、广西等地广泛栽种。金橘喜温暖、湿润的南方气候,较耐旱、不耐寒。对土壤要求不严格,但喜生于疏松、肥沃、土层深厚之微酸性土壤。

【繁殖栽培】金橘多通过扦插、嫁接或播种方式育苗。嫁接多用芽接方式,以香橼作砧木。

【园林应用】金橘枝繁叶茂,白花如玉,果熟时节硕果累累,是优秀的观花观果树种。园林中多以盆栽为主,尤其是将果熟期调节至春节前后,深受市场欢迎。

3.25　五加科

八角金盘

1)八角金盘 *Fatsia japonica*(Thunb.)Decne. et Planch. ,**五加科八角金盘属**

【别名】八角金、八手、手树。

【识别特征】常绿灌木,高可达 5 m,常丛生。茎光滑无刺,髓心白而大。掌状叶,径 12 ~ 30 cm,7 ~ 9 深裂,裂片长椭圆状卵形,先端短渐尖,边缘有粗锯齿。叶柄长 10 ~ 30 cm;圆锥花序顶生,黄白色。果近球形,径约 8 mm,熟时紫黑色。花期 10—11 月,果熟期翌年 4 月。

【分布习性】原产于日本南部,现我国南北均有栽培。喜温暖、湿润的气候,稍耐阴、不耐干旱,稍耐寒,适生于排水良好和湿润的砂质土壤中。对有毒有害气体抗性较强。

【繁殖栽培】扦插、播种或分株繁殖。扦插繁殖可在春季、秋季进行硬枝扦插,夏季进行嫩枝扦插。播种以春播为主。分株多在春季萌芽前,挖取成苗根部萌蘖苗,带土移栽。

【园林应用】八角金盘四季常青,叶形优美,宜配植于庭院、门旁、窗边、墙隅、溪边、草地等处,也可盆栽观叶。

图 3.110　八角金盘(一)

图 3.111　八角金盘(二)

2)鹅掌藤 *Schefflera arboricola* Hay. ,**五加科南鹅掌柴属**

【别名】鸭脚木。

【识别特征】常绿灌木,树皮灰色,小枝粗壮,幼时被毛,后渐脱落。掌状复叶互生,总叶柄长 10 ~ 25 cm,小叶 6 ~ 10 枚,革质,椭圆形至椭圆状披针形,全缘。花白色,有香气。果球形,径约 5 mm,熟时紫黑色。花期 11—12 月,果期 12 月至次年 1 月。

【分布习性】我国华东、华南及西南各地有分布。喜暖热、湿润的气候,喜光,适生于肥沃、疏松的微酸性土壤,也耐瘠薄土地。

【繁殖栽培】扦插、播种、压条繁殖等。扦插繁殖可在夏秋季剪取 1 年生顶端枝条进行,月余即可生根。播种繁殖宜春播,发芽适温 20 ~ 25 ℃,保持土壤湿润,播后 15 ~ 20 d 即可发芽。

【园林应用】树形优美、四季常青,是优美的观叶植物,可丛植、群植于道旁、草地等处,也可盆栽布置室内。

图 3.112　鹅掌藤(一)

图 3.113　鹅掌藤(二)

3.26　夹竹桃科

夹竹桃

1)*夹竹桃 Nerium indicum* Mill.,*夹竹桃科夹竹桃属*

【别名】绮丽、半年红、甲子桃。

图 3.114　夹竹桃(一)

图 3.115　夹竹桃(二)

【识别特征】常绿大灌木,高达 5 m,枝条灰绿色,含水液;叶 3 ~ 4 枚轮生,下部为对生,窄披针形,长 11 ~ 15 cm,宽 2 ~ 2.5 cm,叶色深绿,无毛,叶背浅绿色。聚伞花序顶生,芳香,深红或粉红色,也有白色品种。蓇葖果长圆形,长 10 ~ 23 cm,直径 1 ~ 2 cm。全年可开花,夏秋尤盛。

【分布习性】原产于伊朗、印度、尼泊尔等地,现我国各省区均有栽培。喜光,喜温暖、湿润的气候,不耐寒,忌水渍。适生于排水良好、疏松、肥沃的中性至微酸性土壤。抗有毒有害气体能力强。

【繁殖栽培】扦插繁殖为主,也可分株或压条繁殖。

【园林应用】树姿优美,花繁叶茂,可配植于水滨、湖畔、庭院、墙隅等地,也可作行道树等。

2) 黄花夹竹桃 *Thevetia peruviana* (Pers.) K. Schum., 夹竹桃科黄花夹竹桃属

【别名】台湾柳、黄花状元。

【识别特征】灌木或小乔木,高可达 5 m 左右,全株无毛;树皮棕褐色,皮孔明显。枝柔软,小枝下垂,叶互生,近革质,线形或线状披针形,长 10 ~ 15 cm,宽 5 ~ 12 mm,有光泽。花大、黄色,漏斗形,有香气,花序顶生。核果扁三角状球形,直径 2.5 ~ 4 cm。花期 5—12 月,果期 8 月至翌年春季。

【分布习性】原产美洲热带,现我国东南、华南及西南各地有栽培。喜温暖、湿润的气候,较耐旱、稍耐阴、略耐寒,对土壤要求不严,生长快,耐修剪。能适应并吸收 SO_2,Cl_2 等有毒有害气体。

【繁殖栽培】扦插繁殖为主,春季和夏季都可进行。也可分株或压条繁殖。

【园林应用】花大色艳、花期绵长,可丛植、列植于草地、角隅、池畔、工矿厂区等处,也可盆栽观赏。

图 3.116　黄花夹竹桃(花)

图 3.117　黄花夹竹桃

3.27　茄　科

1) 夜香树 *Cestrum nocturnum* Linn., 茄科夜香树属

【别名】洋素馨、夜丁香、木本夜来香。

【识别特征】常绿直立或近攀援状灌木,高 2 ~ 3 m,全体无毛;枝条细长而下垂,有棱。叶有短柄,卵状披针形或长圆状披针形,长 6 ~ 15 cm,宽 2 ~ 5 cm,全缘。花绿白色至黄绿色,昼闭夜合,呈聚伞花序,腋生或顶生,浓香。浆果长圆状,长 6 ~ 7 mm,径约 4 mm。花果期 6—12 月。

【分布习性】原产南美,我国南北各地均有栽培。喜温暖、湿润及阳光充足的环境,稍耐阴,不耐严寒,适生于疏松、透气、排水良好的肥沃土壤。萌芽力强,耐修剪。最好在 5 ℃ 以上越冬。不择土壤。

【繁殖栽培】扦插繁殖为主,宜在5—6月剪取节间较短、枝叶粗壮、芽饱满的枝条作插穗。

【园林应用】枝繁叶茂、花期绵长且香气浓郁,适宜于庭院、窗前、墙沿、草坪等处配置,也可用作切花。

图3.118　夜香树(花)　　　　　　　　　　　　图3.119　夜香树

2)鸳鸯茉莉 *Brunfelsia brasiliensis*(Spreng.) L. B. Smith et Downs,茄科鸳鸯茉莉属

【别名】二色茉莉、双色茉莉。

【识别特征】常绿灌木,株高1~2 m。分枝力强,小枝褐色。单叶互生,长椭圆形,先端渐尖,具短柄。叶长4~7 cm,全缘或略波状。花单朵或数朵簇生,有香气。花冠漏斗状、五裂,初开时蓝紫色,后渐成白色。花期4—10月,果期秋季。

【分布习性】原产美洲热带地区,现我国各地公园常有栽培。喜温暖、湿润和光照充足的气候条件,不耐涝、不耐寒,喜半阴,对土壤要求不严,唯忌盐碱地。

【繁殖栽培】扦插繁殖为主,夏季软枝扦插、春秋季硬枝扦插均可。也可播种繁殖、分株或压条繁殖。

【园林应用】树姿优美,花色艳丽且具芳香,可以配植于庭院、公园、路旁等处,也可盆栽布置室内。

图3.120　鸳鸯茉莉(花)　　　　　　　　　　图3.121　鸳鸯茉莉

3.28　马鞭草科

马缨丹

1）**马缨丹** *Lantana camara* Linn.，**马鞭草科马缨丹属**

【别名】五色梅、七变花。

图 3.122　马缨丹（花）　　　　　　　图 3.123　马缨丹

【识别特征】常绿直立蔓生灌木，高 1～2 m，茎枝四棱形，有短柔毛及倒钩状皮刺。单叶对生，卵形或卵状长圆形，先端渐尖，基部圆形，两面粗糙有毛，揉烂有强烈的气味。头状花序腋生或顶生，径约 2 cm，总花梗长。花冠颜色多变，初时黄色、橙黄色，后渐变为粉红至深红色。果球形，熟时紫黑色。花期 5—10 月，华南可全年开花。

【分布习性】产美洲热带，我国各地公园习见有栽培。喜光，喜温暖、湿润的气候，不耐严寒。适应性强，耐干旱瘠薄，在疏松、肥沃、排水良好的土壤中生长较好。园艺品种多，常见有蔓五色梅（*L. montevidensis*）、白五色梅（cv. *Nivea*）、黄五色梅（cv. *Hybrida*）等。

【繁殖栽培】播种、扦插繁殖。花后偶有果实，可取种繁殖。扦插繁殖生长季节均可进行，成活率较高。

【园林应用】马缨丹绿树繁花，常年艳丽，可植于公园、庭院中作花篱、花丛、地被等，也可盆栽布置室内、摆设花坛等。

2）**假连翘** *Duranta erecta* Linn.，**马鞭草科假连翘属**

【别名】番仔刺、篱笆树。

【识别特征】常绿灌木，植株高 1～3 m。枝细长，常下垂或平展，有刺或无刺。叶对生，稀为轮生，纸质，卵状椭圆形或倒卵状披针形，长 2～6.5 cm，宽 1.5～3.5 cm，先端短尖或钝，全缘或中部以上有锯齿。总状花序顶生或腋生，常排成圆锥状，花冠蓝色或淡蓝紫色，核果近球形，有光泽，熟时红黄色。花果期 5—10 月。

【分布习性】原产于中南美洲热带，我国南方常见栽培。喜温暖、湿润的气候，抗寒力较差。喜光，耐半阴。对土壤的适应性较强，较喜肥，贫瘠地生长不良。性极强健，萌蘖能力强，很耐修剪。

【繁殖栽培】假连翘扦插繁殖极易成活，春季或梅雨季进行，2 周左右即可生根。播种繁殖可于果实成熟变黄后采收,洗净晾干后随即播种,2～3周即可发芽。

【园林应用】树姿优美、生长旺盛、花色美丽,是极好的绿篱、花境及地被植物,也可盆栽观赏或作桩景。

图3.124　假连翘　　　　　　　　　　图3.125　花叶假连翘

3.29　木犀科

1)金钟花 *Forsythia viridissima* Lindl.,木犀科连翘属

【别名】狭叶连翘、黄金条。

图3.126　金钟花　　　　　　　　　　图3.127　连翘

【识别特征】落叶灌木,高可达3 m。小枝黄绿色,四棱形,皮孔明显,具片状髓。叶长椭圆形至披针形,不裂,长5～15 cm,先端尖,基部楔形,通常上半部具不规则锯齿,稀近全缘。叶柄长6～12 mm。花黄色,1～3朵簇生,先叶开放。果卵圆形,长约1.5 cm。花期3—4月,果期6—8月。

【分布习性】原产我国及朝鲜,现华中、西南各地有分布。喜光,稍耐阴,耐寒、耐干旱瘠薄,怕积水。对土壤要求不严,抗病虫能力强。

【繁殖栽培】播种、扦插、压条或分株繁殖均可。

【园林应用】先花后叶,金黄灿烂,美丽可爱,可丛植于庭院、草坪、墙隅、路边、林缘等处,也可作花篱。

2）连翘 Forsythia suspensa（Thunb.）Vahl，木犀科连翘属

　　此种与金钟花甚相似，主要区别在于:枝黄褐色，皮孔明显。小枝髓部中空，浅黄色。叶卵形，两型，单叶或三出复叶。多分布于我国西北、华北地区。

3）紫丁香 Syringa oblata Lindl.，木犀科丁香属

【别名】华北紫丁香、丁香、紫丁白。

【识别特征】灌木或小乔木，高可达 5 m;树皮灰褐色、小枝较粗，疏生皮孔，无毛。叶宽卵形至肾形，宽常大于长，宽 5～10 cm，正面深绿色，背面淡绿色。全缘，两面无毛。圆锥花序长 6～15 cm，花冠堇紫色。果长圆形，顶端尖，平滑。花期 4—5 月，果期 6—10 月。

【分布习性】分布于我国东北、华北、西北及西南等地。喜光，稍耐阴，耐寒能力强。耐干旱，忌水湿。喜肥沃、排水良好的土壤。有白丁香（var. alba Rehd）等变种。

【繁殖栽培】紫丁香以播种、扦插繁殖为主，也可分株、压条繁殖等。播种繁殖宜提前砂藏层积处理 1～2 月，于春、秋两季进行，条件合适，2～3 周可出苗。扦插繁殖可于花后 1 个月取当年生嫩枝作插穗，也可早春硬枝扦插。

【园林应用】枝叶茂密，花香袭人，可配置于庭院、公园、工矿厂区等处，也可盆栽观赏。

图 3.128　紫丁香(一)　　　　　　　　　图 3.129　紫丁香(二)

4）小蜡 Ligustrum sinense Lour.，木犀科女贞属

图 3.130　小蜡(花)　　　　　　　　　图 3.131　小蜡

【识别特征】半常绿灌木或小乔木，高 2～7 m。小枝圆柱形，幼时密被短柔毛。叶纸质或薄革质,椭圆状卵形,长3~5 cm,宽1~3 cm,先端锐尖或钝,疏被短柔毛或无毛。圆锥花序顶生或腋生,白色,芳香。核果近球形。花期4—6月,果期8—10月。

【分布习性】分布于我国长江流域及以南各地。喜光,稍耐阴,较耐寒。萌芽力强,耐修剪,能抵抗多种有毒有害气体。

【繁殖栽培】播种、扦插繁殖。尤其软枝扦插成活率高,生产中尤为常用。

【园林应用】枝叶茂密,耐修剪,可配置于庭院、公园、工矿厂区等处作绿篱或造型树种,也可制作盆景。

5)**小叶女贞** *Ligustrum quihoui* Carr. ,**木犀科女贞属**

【别名】小叶冬青、小白蜡、小叶水蜡树。

【识别特征】落叶或半常绿灌木,高1~3 m。小枝淡棕色,圆柱形,有柔毛。叶薄革质,椭圆形至倒卵状长圆形长1~5 cm,宽0.5~3 cm,无毛,先端钝,全缘,边缘略向外反卷。叶柄有短柔毛。圆锥花序长7~21 cm,花白色,芳香,无梗。核果宽椭圆形,紫黑色。花期5—7月,果期8—11月。

【分布习性】主要分布于我国中部、东部和西南部。

习性及园林应用同小蜡。

图3.132　小叶女贞(一)　　　　　　图3.133　小叶女贞(二)

6)**茉莉** *Jasminum sambac*(Linn.)Aition,**木犀科茉莉属**

【别名】茉莉花、抹厉。

【识别特征】常绿灌木,高0.5~3 m。小枝纤细,有棱角,嫩枝有柔毛。单叶对生,薄纸质,椭圆形至宽卵形,长4~8 cm,先端急尖或钝圆,基部圆形,全缘。聚伞花序,花白色,浓香,多不结实。花期5—11月,夏季尤盛。

【分布习性】原产印度及中东各地,我国南方广泛栽培。喜光、稍耐阴,喜温暖、湿润的气候,不耐寒,也怕积水。适生于肥沃、疏松的微酸性砂质土壤。

【繁殖栽培】扦插、压条或分株繁殖均可。扦插繁殖需气温不低于20 ℃时进行,2周左右可生根,可结合春季修剪进行。分株繁殖可结合春秋换盆时,带根分栽即可。

【园林应用】枝叶繁茂,叶色翠绿,花色洁白,香味浓郁,尤其适宜配置庭园、点缀草坪以及盆栽布置室内观赏。

图 3.134　茉莉(一)

图 3.135　茉莉(二)

3.30　茜草科

1) **栀子** *Gardenia jasminoides* Ellis, **茜草科栀子属**

栀子

【别名】黄栀、山栀子。

图 3.136　栀子

图 3.137　栀子(花)

【识别特征】常绿灌木,高 0.3~3 m,小枝绿色。叶对生,革质,宽披针形至倒卵状长圆形,先端和基部钝尖,全缘,正面叶色亮绿有光泽,背面叶色较暗。花大,白色,极芳香,顶生或腋生,有短梗。果实卵形,有纵棱 5~8 条。花期 5—7 月,果期 9—11 月。

【分布习性】主要分布于我国南部和中部,现在国内栽培较广泛。性喜温暖、湿润气候,好阳光但又不能经受强烈阳光照射,耐阴而不耐寒。适宜生长在疏松、肥沃、排水良好、轻黏性的酸性土壤,抗有害气体能力强。萌芽力强,耐修剪。常见栽培类型有大花栀子 [form. *grandiflora* (Lour.) Makino] 和雀舌栀子 [var. *radicans* (Thunb.) *Makino*] 等。

【繁殖栽培】栀子以扦插繁殖为主,也可压条、播种或分株繁殖。扦插繁殖春夏秋皆可进行,但以夏秋之间扦插成活率最高,也可水插。播种繁殖多在春季进行,其种子发芽缓慢出苗周期甚长。

【园林应用】枝叶茂密,花色洁白,香气浓郁,可作绿篱、地被,或点缀草坪,配植于庭院、道旁、门侧等处,也可盆栽或制作盆景以及切花观赏等。

2)*六月雪 Serissa japonica Thunb. ,茜草科白马骨属*

【别名】满天星、白马骨、路边荆。

【识别特征】常绿小灌木,高 60 ~ 90 cm,嫩枝有毛。叶对生或簇生于小枝上,长椭圆形或长椭圆状披针形,长 6 ~ 15 mm,全缘。花单生或数朵丛生于小枝顶部或腋生,白色,单瓣重瓣均有。核果球形。花期5—7月,果期6—8月。

【分布习性】主产于我国长江流域及以南各省区,现各地广泛栽培。喜温暖气候,耐旱,不甚耐寒。喜排水良好、肥沃和湿润疏松的土壤,萌芽力强。

【繁殖栽培】扦插、分株繁殖。扦插繁殖全年均可进行,以春季2—3月硬枝扦插和6—7月嫩枝扦插成活率最高。

【园林应用】六月雪枝叶密集,小白花犹如雪花满树,雅洁可爱,既可用于配植花坛、花境,也可作绿地、地被等,还是制作盆景的优良素材。

图 3.138　六月雪(一)　　　　　　　图 3.139　六月雪(二)

3.31　忍冬科

1)*珊瑚树 Viburnum Odoratissimum Ker. -Gawl. ,忍冬科荚蒾属*

　【别名】法国冬青、日本珊瑚树。

【识别特征】常绿灌木或小乔木,高 2 ~ 10 m;树皮光滑,枝灰色、无毛,有凸起的小瘤状皮孔。叶革质,椭圆形至倒卵形,长 7 ~ 15 cm,全缘或中上部有不规则浅波状锯齿,叶正面深绿色有光泽,背面浅绿色。圆锥花序顶生,花白色、芳香。核果倒卵形,先红后黑。花期5—6月,果熟期8—10月。

【分布习性】产于我国东南沿海一带、长江流域及以南各地广泛栽培。喜温暖、稍耐寒,喜光,稍耐阴。适生于潮湿、肥沃的中性至微酸性土壤。根系发达、萌芽性强,耐修剪,对有毒气体抗性和适应能力强。

【繁殖栽培】扦插、压条繁殖。扦插繁殖以春、秋两季为好。播种繁殖多于秋季采种后即播或砂藏至翌年春播,播后 30~40 d 发芽。

【园林应用】枝繁叶茂,叶色浓绿、花果观赏价值高,适宜作绿墙、绿篱等,也可孤植、丛植点缀绿地以及用于营造防火林带等。

图 3.140　珊瑚树(一)

图 3.141　珊瑚树(二)

2)大花六道木 *Abelia grandiflora* Rehd.,忍冬科六道木属

【识别特征】半常绿灌木,高可达 2 m,幼枝红褐色,有短柔毛,叶卵形至卵状椭圆形,长 2~4 cm,叶缘疏生锯齿,正面暗绿而又光泽,花冠白色或略带红晕,钟形,长约 2 cm,花萼粉红色。7 月至晚秋不断开花。

【分布习性】我国华中、华东、华南及西南有栽培。耐旱、耐寒、稍耐阴,根系发达,生长快、耐修剪,适应能力强。

【繁殖栽培】大花六道木种子较难获取,故多扦插繁殖,扦插繁殖春、夏、秋季均可,早春、秋季可用成熟枝条作插穗,夏季多用半成熟枝或嫩枝作插穗。

【园林应用】植株低矮,花多而美丽,适宜丛植于草坪、林缘或建筑物前后,也可用于绿篱或片植作地被、制作盆景等。

图 3.142　大花六道木(一)

图 3.143　大花六道木(二)

3)锦带花 *Weigela florida*（Bunge）A. DC.,忍冬科锦带花属

【别名】海仙花、五色海棠。

【识别特征】落叶灌木,高 1~3 m;树皮灰色,枝条开展,小枝细弱,幼枝稍四棱形。叶椭圆形至倒卵状椭圆形,长 5~10 cm,先端锐尖,基部楔形至圆形,叶缘有细锯齿,两面柔毛。1~4 朵花单生或成聚伞花序;花冠漏斗状钟形,紫红色或玫瑰红色,长 3~4 cm,径约 2 cm。花期4—6 月。

【分布习性】分布于我国东北、华北、西北及华中等地,各地广泛栽培。喜光、耐阴、耐寒,怕积水。对土壤要求不严,能耐瘠薄土地,但以深厚、湿润而腐殖质丰富的土壤生长最好。萌芽力强,生长迅速,抗污染能力强。

【繁殖栽培】锦带花常采用扦插、播种或压条繁殖。播种繁殖宜春季进行,直播或播前 1 周,用冷水浸种 2~3 h,捞出后用湿布包裹催芽。扦插繁殖于早春剪取 1~2 年生未萌动的枝条作插穗。

【园林应用】枝叶茂密,花色艳丽,花期绵长,适宜配植于庭院、墙隅、湖畔,点缀假山、斜坡等处,丛植、群植均可。

图 3.144　锦带花(一)

图 3.145　锦带花(二)

3.32　天门冬科

1)凤尾兰 *Yucca gloriosa* Linn.,天门冬科丝兰属

【别名】菠萝花、凤尾丝兰。

【识别特征】常绿灌木,茎明显,有时分枝,有近环状叶痕。叶剑形,质厚而坚挺,长 40~80 cm,宽 4~6 cm,先端有刺尖,边缘幼时具少数梳立的细齿,老时全缘。叶近莲座状排列于茎或分枝的近顶端。大型圆锥花序从叶丛中抽出,高可达 2 m。花大,近钟形、下垂,白色或稍带淡黄色,有香气。蒴果倒卵状长圆形。花期 9—11 月,我国多数地区不结实。

【分布习性】原产北美,我国长江流域及以南各省区常见栽培。喜温暖、湿润和阳光充足的环境,也能耐阴、耐旱,较耐水湿,略耐寒。对土壤要求不严,但以疏松、肥沃、排水良好的砂质土壤为佳。

【繁殖栽培】分株、扦插或播种繁殖。分株繁殖可于早春根蘖芽露出地面时带根分栽。扦插可在春季或初夏挖取茎干、去除叶片,剪成 10 cm 茎段进行扦插。

【园林应用】常年浓绿,花叶皆美,树态奇特,可植于花坛中央、建筑前、草坪中、池畔等处,丛植、列植均可。

2)丝兰 *Yucca flaccida* Haw.,天门冬科丝兰属

【别名】洋菠萝、毛边丝兰、荷兰铁树、细叶丝兰。

　　本种与凤尾兰非常相似,主要区别在于:茎很短或不明显,叶莲座状基生,叶较狭,边缘有许多稍弯曲的丝状纤维。

　　其分布习性、园林应用基本同凤尾兰。

图 3.146　凤尾兰　　　　　　　　　　　　　图 3.147　丝兰

3)金边富贵竹 *Dracaena sanderiana* Sander,天门冬科龙血树属

【别名】仙达龙血树、镶边竹蕉。

图 3.148　金边富贵竹　　　　　　　　　　图 3.149　富贵竹

【识别特征】常绿直立灌木,株高 1 ~ 2 m,茎细长,常不分枝。无根状茎。叶椭圆状长披针形,薄革质,较柔软,长 10 ~ 22 cm,宽 2 ~ 3 cm,绿色,叶缘有金黄色阔边带,先端长渐尖,叶柄鞘状抱茎。

【分布习性】原产非洲,我国有引种。喜高温、多湿的环境,不耐严寒,怕烈日暴晒,耐阴能力强。对土壤要求不严,以疏松、肥沃的砂质土壤较为适宜。根系发达,耐修剪。常见栽培园艺品种有

富贵竹（cv. *Virescens*）、银边富贵竹（cv. *Margaret*）等。

【繁殖栽培】金边富贵竹扦插繁殖极为容易，只要气温适宜全年均可进行，30 天左右即可生根。

【园林应用】茎叶纤秀，柔美优雅，极富竹韵，尤其适宜家庭瓶插或盆栽布置室内观赏。

4）**朱蕉** *Cordyline fruticosa*（Linn.）A. Chevalier，**天门冬科朱蕉属**

【别名】铁树、红叶铁树。

【识别特征】常绿灌木，直立，高 1～3 m。茎粗 1～3 cm，有时具分枝。叶聚生于茎或枝的上端，长圆形至长圆状披针形，长 25～50 cm，宽 5～10 cm，先端渐尖。绿色或紫红色，叶柄有槽，基部变宽，抱茎。圆锥花序腋生，长 30～60 cm。花淡红、青紫至黄色，长约 1 cm。浆果球形，红色。花期 11 月至次年 3 月。

【分布习性】我国南方各地常见栽培。喜高温、多湿的气候，喜光，也耐阴，怕烈日暴晒，较耐寒。适生于富含腐殖质和排水良好的砂质土壤，碱性土壤中生长发育不良。变种和园艺品种很多。

【繁殖栽培】扦插繁殖为主，于夏季剪取枝顶带有生长点的部分作插穗，去掉下部叶片，插入生根基质中，约 30 天即可生根。

【园林应用】株形美观，色彩华丽高雅，可配植于庭院，布置花坛、花境等，也是盆栽用于室内装饰的优良素材。

图 3.150　朱蕉（一）

图 3.151　朱蕉（二）

3.33　芍药科

牡丹 *Paeonia suffruticosa* Andr.，**芍药科芍药属**

【别名】洛阳花、富贵花。

【识别特征】落叶灌木，植株高可达 2 m；分枝多而粗壮。二回羽状复叶，小叶长 4.5～8 cm，宽卵形至卵状长椭圆形，先端 3～5 裂，基部全缘，背面有白粉。花单生枝顶，直径 10～30 cm，花型多样、花色丰富玫瑰色、红紫色、粉红色、白色、浅绿色都有。蓇葖果长圆形，密生黄褐色硬毛。花期 4—5 月，果期 8—9 月。

【分布习性】原产我国中部、西部，现各地常见栽培。喜温暖、凉爽以及干燥的气候。喜阳光，也耐半阴，怕烈日暴晒，较耐寒。适宜在疏松、深厚、肥沃、地势高燥、排水良好的中性土壤中生长肉质根、怕积水。寿命长达百年以上。

【繁殖栽培】牡丹常行分株繁殖,也可扦插、嫁接或播种繁殖。分株繁殖多于秋季霜降前将生长繁茂的大株牡丹整株掘起,从根系纹理交接处切开成数丛,另行栽植即可。

【园林应用】花大色美且香,有国色天香之美誉,可营造牡丹专类园,孤植、丛植于庭院、公园等处,也可盆栽居家观赏。

图 3.152　牡丹(一)　　　　　　　　　　图 3.153　牡丹(二)

3.34　桫椤科

桫椤 Alsophila spinulosa（Wall. ex Hook.）R. M. Tryon,*桫椤科桫椤属*

【别名】树蕨。

图 3.154　桫椤(一)　　　　　　　　　　图 3.155　桫椤(二)

【识别特征】茎干高 1~3 m 或更高,叶螺旋状排列于茎顶端。叶柄和叶轴粗壮,深棕色,有密刺。叶片大,纸质,长 1~2 m,宽 0.4~1.5 m,三回羽状深裂;小羽片羽裂几达小羽轴。裂片披针形,有疏锯齿。

【分布习性】主产热带和亚热带地区,我国西南、华中等地有分布。喜温暖、潮湿的气候和半阴环境,适生于疏松、肥沃的微酸性砂质土壤。

【繁殖栽培】桫椤多采用孢子繁殖,于孢子成熟期,取孢子粒贮藏备用。待地温 10 ℃ 以上时即可人工撒播,最佳温度 20 ~ 25 ℃。

【园林应用】树形美观,茎苍叶秀,高大挺拔,观赏价值极高。可丛植、群植于庭院、林缘等处,也可盆栽观赏。

4 藤蔓类植物

4.1 豆科

紫藤

1）紫藤 *Wisteria sinensis*（Sims）Sweet，豆科紫藤属

图 4.1 紫藤（花）

图 4.2 紫藤

【别名】朱藤、藤萝。

【识别特征】落叶木质藤本。茎皮黄褐色，嫩枝有丝状柔毛。奇数羽状复叶长 15～25 cm，小叶 7～13 枚，卵状披针形或卵状长圆形，托叶线状披针形，早落；小叶柄长 3～4 mm，被柔毛；总状花序生于上年生枝顶端，长 15～30 cm，径 8～10 cm，下垂，紫色或淡紫色，花序轴被黄褐色柔毛。先花后叶；荚果线形至线状倒披针形，长 10～15 cm，宽 1.5～2 cm，密被绒毛，悬垂枝上，有种子 1～5 枚,熟时开裂;种子灰褐色,扁圆形,种皮有花纹。花期 4—5 月,果期 6—10 月。

【分布习性】原产我国,现华东、华中、华南、西北和西南等地区均有栽培。紫藤对气候和土壤的适应性强,较耐寒,能耐水湿及瘠薄土壤,喜光,较耐阴。对土壤要求不严,最宜土层深厚、疏松、肥沃、排水良好的土壤。生长较快,寿命很长,缠绕能力强。常见栽培变型有白花紫藤[f. *alba* (Lindl.) Rehd. et Wils.],与原种的区别在于花白色。

【繁殖栽培】紫藤繁殖容易,可用播种、扦插、压条等法繁殖,尤以扦插繁殖为主。扦插时,枝插、根插均可,多于春季进行。

【园林应用】紫藤枝繁叶茂,藤蔓细长,紫穗满垂缀以稀疏嫩叶,十分美丽,自古就是优良的庭园棚架绿化植物。现代园林中多用于垂直绿化,也可植于湖畔、池边、假山、石坊等处,同时也是制作盆景的好素材。

2)**常春油麻藤** *Mucuna sempervirens* Hemsl.,**豆科油麻藤属**

【别名】牛马藤、大血藤。

【识别特征】常绿木质藤本,蔓长可达 10 m,基部茎可达 20 cm。羽状 3 出复叶,叶柄长5.5～12 cm;小叶革质,全缘,顶生小叶椭圆形、长圆形或卵状椭圆形,长 8～15 cm,宽 3.5～6 cm,先端渐尖,侧生小叶基部偏斜,上面深绿、有光泽,下面浅绿色,幼时被柔毛,老时脱落。总状花序生于老茎上,长 10～36 cm。花紫红色,大而美丽;荚果厚革质,线形,长 30～60 cm,扁平,被黄锈色毛,有种子 10～17 枚。种子棕褐色,扁长圆形。花期 4—5 月,果期 9—10 月。

【分布习性】分布于我国东南、华中、华东和西南各地。喜温暖、湿润的气候,耐阴、耐旱,适生于湿润、疏松、肥沃且排水良好的土壤,野生者常现于略荫蔽之林下、溪畔、沟谷、斜坡等处。

【繁殖栽培】常春油麻藤以播种繁殖为主,也可扦插、压条繁殖。播种繁殖春、秋季均可进行。扦插和可于 3—4 月或 8—9 月选取半木质化嫩枝作插穗。

【园林应用】常春油麻藤适应能力很强,其藤蔓长,枝繁叶茂,花朵大而美丽,是我国南方园林中常用的棚架绿化、固岸护坡等垂直绿化的优良树种。

图 4.3   常春油麻藤(一)

图 4.4   常春油麻藤(二)

3)**葛** *Pueraria montana*(Lour.)Merrill,**豆科葛属**

【别名】野葛、甘葛。

【识别特征】多年生大藤本,长达 10 m 以上。块根圆柱状,肥厚,外皮灰黄色,内部粉质,富纤维。藤茎基部粗壮,上部多分枝,小枝密被黄褐色粗毛。羽状 3 出复叶,叶互生,具长柄,有毛。顶生小叶菱状卵圆形,先端渐尖,边缘有时浅裂;侧生小叶斜卵形。总状花序,腋生,有时分枝。

花密集,紫红色,荚果线形,长 5～11 cm,扁平,密被黄褐色硬毛。种子赤褐色,扁圆形,长约 5 mm,有光泽。花期 7—9 月,果期 9—10 月。

【分布习性】国内分布广泛,既有野生,也有人工栽培者。葛对气候要求不严,适应能力强,自然生长多于海拔 1 700 m 以下温暖潮湿的坡地、沟谷,喜伴生于灌木丛中。对土壤要求不严,生长迅速,蔓延能力极强。

【繁殖栽培】播种、扦插、压条均可繁殖。播种宜春播,扦插可于早春萌发之前进行,压条则于夏季(生长季节)采取波状压条法进行。此外,葛的繁殖还可于冬季采挖时,切取 10 cm 左右长的根头,直接栽种。

【园林应用】葛的适应能力很强,是优良的水土保持、改良土壤的植物之一,尤其适合荒坡、陡坡绿化使用。

图 4.5　葛(一)

图 4.6　葛(二)

4.2　桑　科

1)薜荔 *Ficus pumila* Linn.,桑科榕属

图 4.7　薜荔(果)

图 4.8　薜荔

【别名】凉粉果。

【识别特征】常绿攀援或匍匐灌木,气生根发达。叶两型,营养枝上的叶卵状心形、薄而小,基部稍不对称,无柄。结果枝上的叶卵状椭圆形、大而厚,革质,全缘,背面被短柔毛,网脉甚明显。

花序托倒卵形或梨形,单生于叶腋。花期4—5月,瘦果9月成熟。

【分布习性】我国长江流域及以南各地有分布。喜温暖、湿润气候,耐旱、耐阴,对土壤要求不严,适生于富含腐殖质的微酸性土壤。

【繁殖栽培】扦插、播种繁殖。扦插繁殖春、夏、秋均可进行。播种繁殖可于果实成熟采摘后堆放数日,待果软化后切开置于水中搓洗,并用纱布包扎成团挤捏滤去肉质糊状物,获取之种子阴干贮藏至翌年春播。

【园林应用】薜荔不定根发达,攀援及生存适应能力能,广泛用于垂直绿化,攀援岩石、墙垣、篱笆及枯树等,也可用于护堤固岸。

2)葎草 *Humulus scandens*（Lour.）Merr.,桑科葎草属

葎草

图4.9　葎草

【别名】蛇割藤、割人藤、刺刺秧。

【识别特征】多年生或一年生之蔓性草本,茎粗糙,具纵棱和倒钩刺。成株茎长可达5 m,单叶对生,3~7裂,裂片卵形或卵状披针形,基部心形,两面生粗糙刚毛,缘有粗锯齿。花单性、雌雄异株,穗状花序,雌花少数,常两朵聚生。果绿色,扁球形。花期5—10月。

【分布习性】国内南北均有分布,多野生,无须特别照顾,长势强健。性喜半阴环境、耐寒、抗旱、喜肥,排水良好的肥沃土壤,生长速度迅速。

【繁殖栽培】适应能力极强,多野生为主。可播种繁殖、分株繁殖等。

【园林应用】生性强健,抗逆能力强,耐粗放管理,可用作水土保持及固岸护堤植物。

3)地果 *Ficus tikoua* Bur.,桑科榕属

图4.10　地果(一)

图4.11　地果(二)

【别名】地石榴、过江龙、土瓜、地瓜藤。

【识别特征】多年生落叶藤本植物,全株具乳液。茎圆柱形或略扁,棕褐色,分枝多,节略膨大。气生根须状,有较强攀援能力。单叶互生,卵形、卵状长椭圆形或长椭圆形,长3~6 cm,宽2~4 cm,先端钝尖,边缘具波状锯齿,基部圆形或心脏形,正面绿色,具刚毛,背面色较淡,叶脉有

毛。叶柄长 1～2 cm;隐头花序,花序托扁球形,红褐色,生于匍枝上而半没于土中。

【分布习性】我国华中、华东、西南、西北等地多有分布,野生者甚众,常见于疏林、山坡或田边、路旁等处。喜温暖、湿润的环境,耐旱、较耐阴、略耐寒,稍耐水湿。适应能力强,对土壤要求不严,以疏松、肥沃土壤为宜。

【繁殖栽培】扦插、分株繁殖。可于早春割取匍匐茎、剪切成 10～20 cm 长茎段扦插,极易成活。

【园林应用】适应能力强,耐粗放管理,适宜作地被以及护坡植物。

4.3　紫茉莉科

光叶子花

1)光叶子花 Bougainvillea glabra Choisy,紫茉莉科叶子花属

【别名】小叶九重葛、三角梅、勒杜鹃。

【识别特征】常绿藤状灌木,蔓长可达 10 m。枝常下垂,嫩枝微被柔毛。叶互生,有柄,椭圆形或卵形,长 5～13 cm,宽 3～6 cm,先端急尖或渐尖。两面无毛或背面疏被柔毛,全缘。花顶生,通常 3 朵簇生于苞片内。苞片 3 枚,叶状,紫色或洋红色,长圆形或椭圆形。瘦果 7～13 mm,无毛。花期冬季至次春。

【分布习性】原产巴西,现我国南方多有栽培。阳性植物,喜温暖、湿润气候,不耐寒。对土壤要求不严,萌芽力强,耐修剪,忌积水。

【繁殖栽培】扦插、压条繁殖为主。扦插可春秋硬枝扦插,也可夏季软枝扦插。压条繁殖则宜于5—6 月进行,月余生根。

【园林应用】枝多叶茂、四季常青,具攀援能力,苞片鲜艳如花,宜配植于庭院、公园等地,孤植、丛植均可,也可盆栽观赏或用于制作盆景等。

2)叶子花 Bougainvillea spectabilis Willd.,紫茉莉科叶子花属

【别名】毛宝巾。

　　本种与光叶子花极相似,主要区别在于:叶子花枝、叶密被柔毛。叶卵形,长 6～10 cm,宽 4～6 cm 或更大,两面或背面密被柔毛。苞片紫色,瘦果长 11～15 mm,密被柔毛。

　　分布习性及园林应用基本同光叶子花。

图 4.12　光叶子花

图 4.13　叶子花

4.4　猕猴桃科

猕猴桃 *Actinidia Chinensis* Planch. **，猕猴桃科猕猴桃属**

【别名】中华猕猴桃、奇异果、猴仔梨。

【识别特征】落叶缠绕藤本，小枝幼时密被棕色柔毛，后渐脱落。髓大、白色、片状。叶纸质，圆形至倒卵形，先端凸尖、微凹或平截，叶缘有刺毛状细齿，两面均有柔毛。花白色，后变黄，径3～5 cm。浆果卵形至椭圆形，有棕色柔毛，黄褐色或绿色。花期5—6月，果熟期为8—10月。

【分布习性】产于我国长江流域及以南各地。喜光，略耐阴。喜温暖气候，有一定耐寒能力。适生于疏松、肥沃、湿润而排水良好的土壤。

【繁殖栽培】扦插、播种、嫁接及压条繁殖均可。嫩枝扦插多在6—9月进行，硬枝扦插则在落叶后或萌芽前进行。播种繁殖以春播为主，播前浸种后拌沙贮藏，待芽嘴冒出后立即拌沙播种。嫁接可行根皮接、芽接、切接等。

【园林应用】花大美丽有香气，果实食用价值高，是良好的棚架绿化材料，可配植于庭院、公园等地。

图4.14　猕猴桃(一)　　　　　　　　　图4.15　猕猴桃(二)

4.5　使君子科

使君子 *Quisqualis indica* Linn. **，使君子科使君子属**

【别名】史君子、舀求梭子、病柑子。

【识别特征】落叶攀援状藤木，蔓长2～8 m；小枝及幼叶有柔毛。叶对生或近对生，卵形或椭圆形，长5～11 cm，宽2～5 cm，先端短渐尖，基部钝圆，背面疏被柔毛，叶脱落后柄下端呈硬刺状残留于枝上。花芳香，初时白色，后渐变红，10～20朵成伞房花序式。果卵形，短尖，长2～4 cm，具五锐棱，外果皮脆薄，熟时紫黑色。花期4—9月，果期9—10月。

【分布习性】我国华南、华中、华东及西南各地有分布。性喜温暖、湿润和向阳、避风的环境，不耐寒、怕积水。对土壤要求不严,适宜肥沃、疏松的微酸性砂质土壤。深根性,萌蘖能力强,生长强健。

【繁殖栽培】播种、扦插及压条繁殖等。播种既可秋季随采随播,也可砂藏至次春播。扦插宜选2~3年生枝条作插穗,春秋皆可进行。既可将藤剪下150~200 cm盘成小圆后埋入土中2/3,也可将枝剪成小段扦插。压条多以波状压条为主,待其生根后,次年截段分栽。

【园林应用】枝柔叶碧、花艳轻盈绚丽,适宜美化花架、篱垣、凉亭等,也可盆栽观赏。

图 4.16　使君子(一)

图 4.17　使君子(二)

4.6　卫矛科

扶芳藤 *Euonymus fortunei*（Turcz.）Hand. -Mazz.，**卫矛科卫矛属**

【别名】爬藤、爬藤卫矛。

图 4.18　扶芳藤(一)

图 4.19　扶芳藤(二)

【识别特征】常绿藤本,枝可长达10 m,易生不定根。小枝绿色,常密生小瘤状突起。叶薄革质、对生,椭圆形至长倒卵形,先端尖,基部楔形,边缘有细锯齿。聚伞花序腋生,花白绿色,蒴果近球形、光滑、淡红色。花期6—7月,果期10月。

【分布习性】分布华中、华东、西南等地。喜温暖、湿润环境,较耐寒。喜阴、不耐阳光直射。

【繁殖栽培】扶芳藤以扦插繁殖为主,四季可行,但以春季扦插成活率高。也可播种繁殖、压条繁殖。

【园林应用】叶色亮绿,秋果红艳,攀援能力强,可用于掩覆墙面、假山或攀援于老树、花架之上,也可盆栽观赏。

4.7　葡萄科

地锦

1)**地锦** *Parthenocissus tricuspidata*（Sieb. Et Zucc.）Planch.,**葡萄科地锦属**

【别名】爬墙虎、爬山虎、飞天蜈蚣。

【识别特征】落叶藤本,茎长达十余米,卷须短而多分枝。叶卵形,常 3 裂,基部心形。正面无毛,背面脉有柔毛,叶缘有粗锯齿。聚伞花序常着生于短枝顶端两叶之间,夏季开花,淡黄绿色。浆果球形,径 6~8 mm,熟时蓝黑色,被白粉。花期 6 月,果期 9—10 月。

【分布习性】我国南北均有分布。性喜阴湿环境,但不怕强光,耐寒、耐旱、耐贫瘠、耐修剪,怕积水。对土壤要求不严,但在阴湿、肥沃的土壤中生长最佳。对有毒有害气体有较强的抗性和适应能力。

【繁殖栽培】扦插、压条或播种繁殖。扦插法可早春剪取茎蔓 20~30 cm 插入苗床促根,也可在夏秋季用嫩枝带叶扦插。压条多于夏季采用波状压条法,秋季即可分离移栽,次年定植。播种繁殖需将种子砂藏层积至次年早春。

【园林应用】枝繁叶茂,攀援能力强,是垂直绿化中常用素材之一,可用于山体、墙面以及假山假石绿化。

图 4.20　地锦

图 4.21　地锦（秋）

2)**五叶地锦** *Parthenocissus quinquefolia*（L.）Planch.,**葡萄科地锦属**

【别名】五叶爬山虎、美国爬山虎、美国地锦。

【识别特征】落叶藤本植物。小枝圆柱形,无毛,幼枝紫红色。卷须与叶对生,5~12 分枝,卷须顶端嫩时尖细卷曲,后遇附着物扩大成吸盘。掌状 5 小叶,有长柄,小叶倒卵圆形至椭圆形,先顶尖,边缘有锯齿。正面暗绿,背面略具白粉并有毛。聚伞花序集成圆锥状。浆果近球形,径约

6 mm,成熟时蓝黑色。花期 7—8 月,果期 9—10 月。

【分布习性】原产美国,我国有栽培。习性同爬山虎。

【繁殖栽培】同爬山虎。

【园林应用】与爬山虎类似,但攀援能力略差,易被风刮落。

图 4.22　五叶地锦　　　　　　　　　　图 4.23　五叶地锦(果)

4.8　五加科

常春藤 Hedera nepalensis var. *sinensis*(Tobl.)Rehd.,*五加科常春藤属*

【别名】中华常春藤、爬树藤。

图 4.24　常春藤(一)　　　　　　　　图 4.25　常春藤(二)

【识别特征】常绿藤本,茎长 3～20 m。气生根明显,一年生枝疏生锈色鳞片。叶革质,营养枝之叶通常为三角状卵形或三角状长圆形,全缘或 3 裂。生殖枝之叶长圆状卵形至椭圆状披针形,全缘,少数 1～3 浅裂。伞形花序单个顶生,花淡绿白色,有香气。果实球形,红色或黄色,直径 7～10 mm。花期 8—10 月,果期次年 3—5 月。

【分布习性】我国华南、华东、华北及西南各地有分布。喜阴湿环境,也能在光照充足之处生长。稍耐寒,对土壤要求不严,但喜肥沃、疏松的土壤。

【繁殖栽培】常春藤茎蔓极易生根,故常扦插繁殖,以春季4—5月和秋季8—9月为宜。也可压条繁殖,将茎蔓埋入土中,待其节部生根后截取栽植即可。

【园林应用】枝蔓茂密青翠,叶形多变,姿态优雅,攀援能力强,可植于建筑物阴面绿化,或攀附假山、篱垣等,也可盆栽观赏。

4.9　夹竹桃科

1)络石 *Trachelospermum jasminoides*(Lindl.)Lem.,**夹竹桃科络石属**

【别名】石龙藤、白花藤、软筋藤。

【识别特征】常绿木质藤本,枝蔓长达10 m,皮孔明显,枝具乳汁。小枝、叶背和嫩叶柄被柔毛,老时渐无毛。叶革质或近革质,椭圆形至卵状椭圆形或宽倒卵形,长2~10 cm,宽1~5 cm。花序腋生或顶生,花白色,芳香。蓇葖果线状披针形,长10~20 cm,宽3~10 mm。花期3—7月,果期7—12月。

【分布习性】产于我国东南部,现南北各地均有栽培。喜光,稍耐阴,较耐寒,耐暑热,对土壤要求不严,适生于中性至微酸性土壤。性强健,生长迅速。

【繁殖栽培】络石的嫩茎在雨季极易长气根,故常取其嫩茎进行扦插、压条繁殖,极易成活。但老茎扦插成活率低。

【园林应用】络石枝叶茂密,花香浓郁,是垂直绿化的好材料,也可作地被或盆栽观赏。

图4.26　变色络石

图4.27　络石

蔓长春花

2)蔓长春花 *Vinca major* Linn.,**夹竹桃科蔓长春花属**

【别名】长春蔓、攀援长春花。

【识别特征】蔓性半灌木,茎较柔软,花茎直立。叶椭圆形,长2~6 cm,宽1.5~4 cm,先端急尖,基部下延;花单朵腋生,多蓝色。花期4—6月。

【分布习性】原产于地中海沿岸及美洲、印度等地,我国南方有引种。喜温暖、湿润,喜阳光也较耐阴,稍耐寒,适生于深厚肥沃湿润的土壤中。常见栽培品种尚有花叶蔓长春(*Vinca major* cv. Variegata)。

【繁殖栽培】播种、扦插繁殖。蔓长春多春播繁殖,也可于春季、初夏剪取其嫩茎扦插,3 周左右即可生根。

【园林应用】蔓长春花适应能力强,生长旺盛,花色绚丽,观赏价值甚高,适宜作地被,也可用于垂直绿化等。

图 4.28 蔓长春(一)　　　　　　图 4.29 蔓长春(二)

4.10 木犀科

1)迎春 *Jasminum nudiflorum* Lindl.,木犀科茉莉属

【别名】小黄花、金腰带、黄梅、清明花。

【识别特征】落叶披散灌木,枝蔓长可达 6 m、细长,小枝四棱形,光滑无毛。叶对生,三出复叶,小叶卵形至长椭圆状卵形,长 1~3 cm,先端渐尖,边缘有短睫毛。花黄色、单生,径 2~2.5 cm,裂片 6 枚,先叶开花。花期 2—4 月,通常不结果。

【分布习性】产于我国西北、西南各地,现世界各地普遍栽培。喜光,稍耐阴,较耐寒,喜湿润,也耐干旱,怕水涝,对土壤要求不严。萌蘖能力强,枝条着地即易生根。

【繁殖栽培】分株、压条或扦插繁殖。分株繁殖多在春季芽萌动前进行。压条繁殖可将较长的枝蔓浅埋于沙土中,约 2 月后生根,翌年春季切离移栽。扦插繁殖春、夏、秋三季均可进行,宜剪取半木质化的枝条作插穗,保持湿润,约 15 天可生根。

【园林应用】枝条披垂,叶丛翠绿,早春花色金黄,宜配植在湖边、溪畔、桥头、墙隅、草坪、林缘等处,丛植、群植均可,也可用于制作盆景。

2)云南黄馨 *Jasminum mesnyi* Hance,木犀科茉莉属

云南黄素馨

【别名】南迎春、野迎春、金腰带。

　　本种和迎春的习性及园林应用基本相同,主要区别在于:云南黄馨抗寒性不强,南方庭院常见栽培,为常绿披散灌木,枝长可达 3 m,细长柔软、下垂,绿色,四棱。花黄色、单生,径 3.5~4 cm,裂片 6 或更多,成半重瓣。花期 4 月。

图 4.30 迎春

图 4.31 云南黄馨

4.11 紫葳科

凌霄 Campsis grandiflora (Thunb.) Schum. *,紫葳科凌霄属*

【别名】紫葳、五爪龙。

【识别特征】攀援藤本,茎木质,长达 10 m。树皮灰褐色,细条状纵裂,小枝紫褐色。气生根发达,攀援能力强。叶对生,奇数羽状复叶,小叶 7~9 枚,卵形至卵状披针形,先端尾状渐尖,基部不对称,长 3~7 cm,边缘有粗锯齿;圆锥花序顶生,花冠钟状漏斗形,外面橙黄,内侧鲜红。蒴果长如豆荚,顶端钝。花期 6—8 月,果期 11 月。

【分布习性】我国长江流域各地及日本、越南、印度、巴基斯坦等国有分布。凌霄适应能力较强,耐寒、耐旱、耐瘠薄、怕水涝,病虫害较少。喜阳光充足,也耐半阴,忌阳光暴晒。适生于疏松、肥沃及排水良好的中性土壤。

【繁殖栽培】凌霄常用扦插、压条、分株繁殖。扦插繁殖多在春季选有气生根的硬枝进行。压条多夏季进行,约 50 天生根。分株繁殖宜在早春进行,即将母株附近由根芽萌生的小苗挖出栽种。

图 4.32 凌霄(一)

图 4.33 凌霄(二)

【园林应用】干枝虬曲多姿,翠叶如盖,花大色艳,是庭院棚架、花门垂直绿化的好素材,可用于攀援墙垣、枯树、石壁,点缀假山等。

4.12 忍冬科

忍冬 *Lonicera japonica* Thunb.,忍冬科忍冬属

【**别名**】金银花、金银藤。

【**识别特征**】半常绿缠绕藤本,蔓长可达9 m。小枝细长、中空,皮褐色,条状剥落,幼时被短柔毛。叶卵形或椭圆状卵形,长3～8 cm,全缘。枝叶均密生柔毛。花成对腋生,初开时白色,后渐变黄,有香气,苞片叶状。浆果球形,蓝黑色。花期5～7月,果期10—11月。

【**分布习性**】国内南北均有分布。适应能力很强,喜阳也耐阴,耐寒性强,也耐干旱和水湿,对土壤要求不严。根系繁密发达,萌蘖性强。

【**繁殖栽培**】金银花以扦插繁殖为主,亦可分株、压条或播种繁殖。扦插繁殖一般在雨季进行(尤其夏秋阴雨天气),剪取健壮无病虫害的1～2年生枝蔓作插穗,随剪随用。

【**园林应用**】植株轻盈,攀援能力强,开花时节黄白相间,甚是好看。适合用于林下、林缘配植,也可攀援花廊、花架、花栏、花柱以及缠绕假山石等。

图4.34　金银花(一)

图4.35　金银花(二)

4.13 天门冬科

文竹 *Asparagus setaceus*(Kunth)Jessop,天门冬科天门冬属

【**别名**】云片竹、山草。

【**识别特征**】常绿蔓性攀援亚灌木,株高可达数米。根部稍肉质,茎柔软丛生,绿色,多分枝,细长。叶状枝通常每10～13枚成簇,刚毛状,整个叶状枝平展呈羽毛状。叶小,鳞片状,主茎上鳞片叶多呈刺状。花小,通常1～4朵腋生,白色,有短梗。浆果球形,熟时紫黑色。花期9—10月,果期冬季至翌春。

【分布习性】原产于非洲南部,我国南北均有栽培。生性喜温暖、湿润和半阴通风的环境,不耐严寒,不耐干旱,忌积水。以疏松肥沃、排水良好、富含腐殖质的砂质土壤栽培为好。

【繁殖栽培】文竹多以分株方式进行繁殖。春季结合换盆,用利刀将丛生的茎根分成数丛,每丛含 3～5 枝芽,分别栽植即可。

【园林应用】纤细秀丽,清新淡雅,云片重叠,尤其适宜盆栽布置书房、客厅、办公室等地,也可用于生产切花。

图 4.36　文竹(一)

图 4.37　文竹(二)

4.14　旋花科

圆叶牵牛 *Ipomoea purpurea* Lam.,旋花科虎掌藤属

【别名】小花牵牛、喇叭花。

图 4.38　圆叶牵牛(一)

图 4.39　圆叶牵牛(二)

【识别特征】一年生缠绕草本植物,茎上有毛。叶宽卵形至近圆形,深或浅的 3 裂,偶见 5 裂,长 4～15 cm;叶柄长 2～15 cm。花腋生,单生或两朵着生于花序梗顶。花冠漏斗状,长 5～8 cm,蓝紫色或紫红色。蒴果近球形,径约 1 cm,3 瓣裂。夏秋季节开花。

【分布习性】原产美洲热带,我国各地普遍栽培。牵牛花生性强健,喜气候温和、光照充足之环境。深根性植物,对土壤适应性强,较耐干旱盐碱,不怕高温酷暑。种类及品种很多,常见栽培主要有圆叶牵牛、裂叶牵牛等类。

【繁殖栽培】播种繁殖为主,播种期根据用花时期而定,多数10—11月秋播,5—6月春播。

【园林应用】夏秋季常见的蔓性草花,可作小庭院及居室窗前遮阴、小型棚架、篱垣的美化,也可作地被栽植。

4.15　天南星科

绿萝

绿萝 Epipremnum aureum（Linden et Andre）Bunting.,*天南星科藤芋属*

【别名】魔鬼藤、黄金葛。

【识别特征】常绿大藤本植物,蔓长可达10 m。茎攀援,节间具纵槽,分枝多,易生气生根,攀援能力强。叶宽卵形,短渐尖,淡绿色,有淡黄色斑块,全缘或少数具不规则深裂,柄长8～10 cm。

【分布习性】原产马来半岛等地,现热带、亚热带地区广泛种植。喜温暖、湿润、荫蔽环境,忌阳光直射,不耐低温。适生于排水良好、富含腐殖质的微酸性土壤。

【繁殖栽培】绿萝多以扦插繁殖为主,常于春末夏初剪取健壮绿萝藤蔓作插穗,尽量勿伤及茎上气生根。

图4.40　绿萝（一）　　　　　　　图4.41　绿萝（二）

【园林应用】叶色斑斓,四季常绿,攀援能力强,适宜作垂直绿化,攀附墙壁、林木、立柱,也可盆栽摆放或悬垂门厅、宾馆、阳台等处。

4.16　蔷薇科

蛇莓 Duchesnea indica（Andr.）Focke，**蔷薇科蛇莓属**

【别名】蛇泡草、龙吐珠、三爪风。

【识别特征】多年生草本植物，根茎短，粗壮，全株有柔毛。易生匍匐茎，长30～100 cm。小叶倒卵形至菱状长圆形，长2～5 cm，宽1～3 cm，先端圆钝，边缘有钝锯齿，两面皆有柔毛。花单生于叶腋，黄色。果熟时鲜红色，有光泽，直径1～2 cm。花期6—8月，果期8—10月。

【分布习性】欧洲、美洲、亚洲等地广泛分布，我国南北均有。喜温暖湿润、阴凉环境，较耐寒，不耐干旱和水渍。对土壤要求不严，田园土、砂壤土、中性土均能生长良好。

【繁殖栽培】蛇莓的繁殖可播种繁殖或分株繁殖。播种多在秋季室内盆播，春季定植。分株随时可以进行，但以春、夏季为好。

【园林应用】植株矮小，匍匐生长，花鲜果美，较耐践踏，是不可多得的优良地被植物，也可盆栽观赏。

图4.42　蛇莓（一）

图4.43　蛇莓（二）

5 竹类植物

禾本科

1) **小琴丝竹** *Bambusa multiplex* f. *stripestem-fernleaf*(R. A. Young) T. P. Yi 禾本科
竹属

【别名】花孝顺竹。

【识别特征】常绿丛生竹类,秆高2~8 m,径1~4 cm。秆和分枝的节间黄色,具有不同宽度的绿色纵条纹,秆箨新鲜时绿色,不规则间有绿色纵条纹。

【分布习性】原产我国和越南,现我国东南部至西南部地区多有栽培,也有野生分布。喜温暖、湿润气候及排水良好、疏松、肥沃之土壤。适应能力强,分布范围广,是孝顺竹[*Bambusa multi-plex*(Lour.)Raeusch. ex Schult.]的园艺品种。

图5.1 小琴丝竹(一)

图5.2 小琴丝竹(二)

【繁殖栽培】分蔸栽植,宜春季雨水节前后进行。

【园林应用】竹丛秀美,枝叶秀丽,秆色泽分明犹如黄金间碧玉,适宜配植于庭院、池畔、甬道两侧等。

2)**凤尾竹** *Bambusa multiplex* f. *fernleaf*(R. A. Yong)T. P. Yi,*禾本科　竹属*

凤尾竹

【别名】米竹、蓬莱竹。

【识别特征】常绿丛生竹类,秆高 1~3 m,径 0.5~1 cm,梢头微弯,节间长 16~20 cm,秆深绿色、被稀疏白色短刺、幼时可见白粉。分枝多,呈半轮生状,主枝不明显,小枝稍下弯,具小叶9~13 枚。叶线状披针形,长 3.5~6.5 cm,宽 0.4~0.7 cm。

【分布习性】原产我国南部,现在我国南方各地多有栽培。喜温暖、湿润和半阴环境,耐寒性稍差,不耐强光暴晒,怕渍水,宜肥沃、疏松和排水良好的土壤。

【繁殖栽培】分株繁殖,宜春季雨水节前后进行。

【园林应用】凤尾竹株丛密集,竹竿矮小,可点缀庭园作绿篱、与山石相配等,也可盆栽观赏或制作盆景等。

图5.3　凤尾竹(一)　　　　　　　　　图5.4　凤尾竹(二)

3)**佛肚竹** *Bambusa ventricosa* McClure,*禾本科　竹属*

【别名】佛竹、密节竹。

图5.5　佛肚竹(一)　　　　　　　　　图5.6　佛肚竹(二)

【识别特征】秆二型:正常秆高 8~10 m,直径 3~5 cm,节间 30~35 cm,圆柱形,幼时无毛;畸形秆通常高 25~50 cm,节间短缩而其基部膨胀,呈瓶状,长 2~3 cm。每小枝具叶 7~13 枚,披针形,长 9~18 cm,宽 1~2 cm,正面无毛,背面密生短柔毛。

【分布习性】广东特产,现我国南方各地多有栽培。喜温暖、湿润气候,较耐水湿,抗寒能力不强,适宜疏松、肥沃、湿润的酸性土壤。

【繁殖栽培】分蔸栽植,宜春季雨水节前后进行。

【园林应用】秆短小畸形,状如佛肚,姿态秀丽,四季翠绿,可配置于庭院、公园、水滨等处,与假山、崖石相配,效果更佳。也可盆栽观赏或制作盆栽陈列室内。

4)*硬头黄竹 Bambusa rigida* Keng et Keng f.,*禾本科 竹属*

【识别特征】竿高 5~12 m,径粗 2~6 cm、壁厚 1~1.5 cm,无毛,幼时薄被白色蜡粉,节处稍隆起;分枝常自竿基部开始,数枝簇生。箨鞘早落,硬革质,背面下半部近内侧缘生暗棕色刺毛,老时变无毛;叶片线状披针形,长 7.5~18 cm、宽 1~2 cm,次脉 4~9 对。

【分布习性】产于四川、重庆、云南、贵州等地,尤其平坝、丘陵、河岸以及村庄院落附近等地习见。适应能力强,适生于气候温暖湿润、土层深厚肥沃之处,也较耐寒,能耐瘠薄土地。

【繁殖栽培】分株繁殖为主,适宜在春季雨水节前后进行,成活率较高。

【园林应用】硬头黄竹竿材壁厚而坚实,竹竿中下部挺直,农家及农业生产常用之搭棚架、做农具等。园林中可丛植成林,配置于公园、庭院、专类园等,尤其与山石、建筑相配更为适宜。

图 5.7　硬头黄竹(一)　　　　　图 5.8　硬头黄竹(二)

5)*毛竹 Phyllostachys edulis*(Carr.)J. Houzeau,*禾本科刚竹属*

【别名】楠竹、茅竹。

【识别特征】秆高可达 20 m,径粗者可达 20 cm,幼秆密被细柔毛及厚白粉,箨环有毛,老秆无毛。中部节间长达 40 cm 或更长,壁厚约 1 cm;叶披针形,长 4~11 cm,宽 0.5~1.5 cm。花枝穗状,长 5~7 cm,花期 5—8 月。常见栽培的变形尚有龟甲竹(cv. *Heterocycla*)、花毛竹(cv. *Tao Kiang*)、方秆毛竹(cv. *Teteanglata*)、黄槽毛竹(cv. *Luteosulcata*)等。

【分布习性】分布于我国秦岭、汉水流域至长江流域以南各地,黄河流域也有栽培。喜温暖、湿润气候,适生于疏松肥沃、土层深厚、排水良好及背风向阳之地。

【繁殖栽培】移植母株或竹鞭繁殖,也可播种繁殖。

【园林应用】秆型粗大,是良好的建筑材料。园林中适宜用于城郊接合部营造风景林或大型公园等大面积绿化时使用。

图5.9　毛竹　　　　　　　　　　　　图5.10　龟甲竹

6）**紫竹** *Phyllostachys nigra*（Lodd.）Munro，**禾本科刚竹属**

【别名】黑竹、墨竹、乌竹。

【识别特征】秆高4～10 m,直径可达5 cm,幼秆绿色,密被细柔毛及白粉。一年生以后的秆逐渐出现紫斑,最后全部变为紫黑色;中部节间长25～30 cm,壁厚约3 mm;叶薄,长7～10 cm,宽约1.2 cm。花枝呈短穗状,长3.5～5 cm。笋期4—5月。

【分布习性】原产中国,现南北地区均有栽培。阳性,喜温暖、湿润气候,较耐寒、耐阴、忌积水,适生于土层深厚、排水良好的砂质土壤。

图5.11　紫竹（一）

图5.12　紫竹（二）

【繁殖栽培】移植母株或埋鞭繁殖。

【园林应用】紫竹姿态优雅,新秆绿色,老秆紫色,叶色翠绿,适宜配植于庭院山水之间、池畔、窗前等处,也可盆栽观赏。

7)箬竹 *Indocalamus tessellatus*（Munro）Keng f.,*禾本科箬竹属*

【别名】阔叶箬竹、壳箬竹、粽粑叶。

【识别特征】秆高 0.75～2 m,直径 5～15 mm;节间长约 25 cm,最长者可达 32 cm,圆筒形,节间被微毛。秆每节 1 分枝,秆上部有时 2～3 分枝。叶长圆状披针形,先端渐尖,长 10～45 cm,宽 4～10 cm,叶缘有小刺毛。圆锥花序长 6～20 cm,小穗常带紫色,含小花 5～9 朵。笋期 4—5 月。

【分布习性】分布于我国华中、华东、西南各地。喜温暖、湿润气候,生长适应性强,较耐寒、耐半阴,对土壤要求不严,适生于疏松、肥沃、排水良好的微酸性土壤。

【繁殖栽培】分株繁殖。

【园林应用】箬竹生长快,叶形大,枝叶密生,可用于营造公园、庭院地被景观,或群植于林缘、山崖、台阶两侧等,也可盆栽观赏。

图 5.13　箬竹(一)　　　　图 5.14　箬竹(二)

8)斑竹 *Phyllostachys bambussoides* f. *lacrima-deae* Keng f. et Wen,*禾本科刚竹属*

【别名】湘妃竹。

【识别特征】秆高 8～20 m,径 3.5～7 cm;节间鲜绿色,圆筒形,秆具紫褐色斑块与斑点,分枝也有紫褐色斑点。在具芽的一侧有狭长的纵沟。叶长椭圆状披针形,长 5～20 cm,宽 1～2.5 mm,先端渐尖,基部楔形,正面灰绿色,背面淡绿色。笋期 4—7 月。

【分布习性】我国华中、华东、西南各地有栽培。性喜温暖、湿润气候,怕风、不耐严寒。生长迅速,繁殖能力强。

【繁殖栽培】移植母株或播种繁殖。

【园林应用】斑竹枝叶茂密,生长快,秆斑驳可爱,宜种植于公园、庭院等地,也可群植于林缘、山崖等。

图 5.15 斑竹(一)   图 5.16 斑竹(二)

9) 菲白竹 *Sasa fortunei* (Van Houtte) Nakai, 禾本科苦竹属

【识别特征】秆高多为 10 ~ 30 cm,少数可达 80 cm。节间细而短小,圆筒形,直径 1 ~ 2 mm,光滑无毛;叶短小,狭披针形,长 6 ~ 15 cm,宽约 1 cm,先端渐尖。绿色叶面上通常有浅黄色至白色纵条纹,叶缘有纤毛。笋期4—6月。

【分布习性】原产日本,我国华东各地有栽培。喜温暖、湿润气候,好肥,较耐寒,忌烈日,宜半阴,适生于肥沃、疏松、排水良好的砂质土壤。

【繁殖栽培】春季雨水节前后移植母株,简便易行且成活率高。

【园林应用】植株低矮,叶片秀美,常植于庭园观赏,可作地被、绿篱或与假石相配,也可盆栽或制作盆景。

图 5.17 菲白竹(一)   图 5.18 菲白竹(二)

10) 慈竹 *Neosinocalamus affinis* (Rendle) Keng f. , 禾本科慈竹属

【别名】茨竹、子母竹。

【识别特征】秆高 5 ~ 10 m,梢端细长作弧形向外弯曲或幼时下垂如钓丝状,全秆约 30 节,节间圆筒形、长 15 ~ 50 cm、径粗 3 ~ 6 cm,秆环平坦。叶窄披针形,长 10 ~ 30 cm,宽 1 ~ 3 cm,质薄,

先端渐细尖,基部圆形或楔形,正面无毛,背面被细柔毛,叶缘通常粗糙;叶柄长 2~3 mm。花枝束生,柔软而弯曲下垂,长 20~60 cm,节间长 1.5~5.5 cm。笋期 6—9 月或自 12 月至翌年 3 月,花期多在 7—9 月。

【分布习性】广泛分布于我国西南各省。喜温暖、湿润气候,较耐寒。根系发达,适应能力强,耐瘠薄土地,适生于肥沃、疏松、排水良好的砂质土壤。

【繁殖栽培】移植母株或竹鞭繁殖。

【园林应用】枝叶茂盛秀丽,适应能力强,可于庭院、宅旁栽植,也可用于固坡护岸等。

图 5.19 慈竹(一)

图 5.20 慈竹(二)

11)麻竹 *Dendrocalamus latiflorus* Munro,禾本科牡竹属

【别名】甜竹、大头竹。

【识别特征】秆高 20~25 m,直径 5~15 cm,梢端长下垂或弧形弯曲,节间长 45~60 cm,幼时被白粉,但无毛。叶长椭圆状披针形,长 15~35 cm,宽 2~7 cm,基部圆,先端渐尖。正面无毛,背面中脉隆起并被小锯齿。叶柄无毛,长 5~8 mm。花枝大型,果卵球形,长 8~12 mm,淡褐色。

【分布习性】我国华南、西南、华中、华东等地有分布。喜温暖、湿润气候,稍耐寒,适生于深厚、疏松、肥沃而排水良好的湿润土壤。

【繁殖栽培】移植母株或竹鞭繁殖。

【园林应用】适应能力强,可配置于河畔、水沟旁以及村宅庭院等处。笋味甜美,我国南方常作食用竹笋栽培。

图 5.21 麻竹

6 棕榈类

棕榈科

1）**棕竹** *Rhapis excelsa*（Thunb.）Henry ex Rehd.，棕榈科棕竹属

【**别名**】观音竹、筋头竹。

图6.1 棕竹

图6.2 矮棕竹

【**识别特征**】常绿丛生灌木，高2~3 m，茎干直立、圆柱形，径1.5~3 cm，纤细如手指，不分枝，有叶节，叶鞘纤维粗，黑褐色。叶掌状深裂，裂片5~10或更多，裂片线状披针形，长达30 cm，宽2~5 cm，先端宽，有不规则的齿缺。肉穗花序腋生，长约30 cm，分枝多而疏散。雄花小，淡黄色，雌花较大，卵状球形。果倒卵形或近球形，径约1 cm。花期5—7月，果期10—12月。

【**分布习性**】我国南部至西南部有分布。喜温暖、湿润及通风良好的半阴环境，不耐积水、稍耐寒，极耐阴、畏烈日，适生于肥沃的土壤。

【**繁殖栽培**】分株繁殖可结合春季翻盆换土时进行。播种繁殖前宜温汤浸种，待种子萌动时再行播种。其发芽多不整齐，故播种后覆土宜稍深。

【**园林应用**】丛生挺拔，枝叶繁茂，四季青翠，似竹非竹，可丛植于庭院、窗外、道旁，也可盆栽摆

放花坛、布置室内等。

2)矮棕竹 *Rhapis humilis* Bl. ,棕榈科棕竹属

【别名】细叶棕竹。

本种与棕竹较相似,主要区别在于:植株矮小,高不超过 2 m,秆粗约 1 cm。叶裂片 2~4,叶鞘纤维质细,结成整齐网状。

分布习性及园林应用与棕竹基本相同,唯本种株形、叶形更优美,观赏价值更高。

3)棕榈 *Trachycarpus fortunei*(Hook.)H. Wendl. ,棕榈科棕榈属

【别名】棕树、山棕。

【识别特征】乔木状,高可达 15 m,树干圆柱形,被不易脱落的老叶柄基部和密集的网状纤维,除非人工剥除,否则不能自行脱落,裸露树干直径 10~15 cm,甚至更粗。叶圆扇形,直径 50~70 cm,掌状深裂几达基部,裂片线形或线状披针形,宽 1.5~3 cm,革质,坚硬,先端 2 浅裂。叶柄长 75~80 cm 或更长,两侧具细锯齿。圆锥状肉穗花序腋生,长 40~60 cm,雄花序分枝疏而粗长。花黄白色,核果肾状球形,蓝黑色。花期 4 月,果期 10—11 月。

【分布习性】我国长江以南各省区常见栽培。喜温暖、湿润气候,极耐寒、较耐阴,略耐干旱与水湿。适生于排水良好、湿润、肥沃的中性、石灰性或微酸性土壤。抗大气污染能力强。

【繁殖栽培】播种繁殖,可自播繁衍。秋季果熟后,剪下果穗、阴干脱粒即可播种,也可置于通风处阴干,或砂藏至次年春季播种。

【园林应用】挺拔秀丽,端庄质朴,适宜列植、丛植、群植于公园、庭院之道旁、花坛等处,也可容器栽培布置会场等。

图 6.3　棕榈(一)

图 6.4　棕榈(二)

4)蒲葵 *Livistona chinensis*(Jacq.)R. Br. ,棕榈科蒲葵属

【别名】扇叶葵、葵树。

【识别特征】常绿乔木,高 5~20 m,直径 20~30 cm,茎单一,有密接环纹,基部常膨大。叶阔肾状扇形,宽 1.5~1.8 m,长 1.2~1.5 m,掌状浅裂或深裂,裂片条状披针形,下垂,先端长渐尖,再深裂为 2。叶柄长,两侧具骨质钩刺,叶鞘褐色。肉穗花序腋生,排成圆锥状,分枝多而疏散。核果椭圆形至长椭圆形,熟时亮紫黑色,外略被白粉。花期春夏,果期 10—11 月。

蒲葵

【分布习性】产于我国南部。喜温暖、湿润、向阳的环境，较耐寒，稍耐阴，略耐水湿，适生于肥沃、疏松、湿润的黏性土壤。适应能力强，对多种有毒有害气体有较强抗性。

【繁殖栽培】蒲葵多采用播种繁殖。种子成熟后应先堆沤洗净，再砂藏层积催芽，约2周萌芽。

【园林应用】四季常青，树冠伞形，叶大如扇，可列植、丛植、孤植造景，也可盆栽观赏。

图6.5　蒲葵（一）　　　　　　　　图6.6　蒲葵（二）

5）*丝葵 Washingtonia filifera*（Lind. ex Andre）H. Wendl.，棕榈科丝葵属

【别名】老人葵、华盛顿棕榈、加州蒲葵。

图6.7　丝葵（一）　　　　　　　　图6.8　丝葵（二）

【识别特征】常绿乔木，树干粗壮通直，近基部略不膨大，高可达25 m。树冠下部常有下垂的枯叶。叶大型，直径达1.8 m，掌状深裂至中部，裂片50~80，每裂片先端再分裂，裂片间及边缘具灰白色丝状纤维。叶柄约与叶片等长，下部边缘有小刺。肉穗花序大型、下垂，多分枝，花小、白色，花期7月。

【分布习性】原产美国西南部及墨西哥等地,现我国各地多有栽培。喜温暖、湿润及阳光充足的环境,耐热、耐湿、耐瘠薄土地,较耐寒、较耐旱,抗污染能力强。

【繁殖栽培】播种繁殖,宜随采随播、点播为主,覆土厚度为种子直径1倍左右,保持土壤湿润。

【园林应用】主干通直,叶大如扇,白丝缕缕,适宜作园景树、庭荫树、行道树等,单植、丛植、群植、列植均可。

6)散尾葵 *Chrysalidocarpus lutescens* H. Wendl.,棕榈科散尾葵属

散尾葵

【别名】黄椰子、紫葵。

【识别特征】丛生灌木或小乔木,高2~8 m,茎粗可达5 cm,基部略膨大,干有环纹。叶羽状全裂,平展而稍下弯,羽片狭披针形,40~60对,排成两列,羽片长可达50 cm,顶端之羽片渐短。叶柄及叶轴光滑,呈黄绿色。叶鞘长而略膨大,通常黄绿色,初时被蜡质白粉,有纵向沟纹。肉穗花序生于叶鞘之下,多分枝,花小、黄白色。果略呈陀螺形或倒卵形,长1.5~1.8 cm,橙黄至紫黑色。花期5—6月,果期次年8—9月。

【分布习性】原产马达加斯加,现我国南方各地有引种。喜温暖、潮湿及半阴环境,耐寒性不强。苗期生长缓慢,后生长迅速。适宜疏松、肥沃、排水良好的砂质土壤。

【繁殖栽培】分株繁殖为主,也可播种繁殖。分株繁殖四季均可,生产中多结合换盆进行,以利刀自基部连接处分割成数丛,在伤口处涂抹草木灰或硫黄粉消毒后另行栽种。

【园林应用】枝叶茂密,四季常青,飘柔别致,可配置于庭院、草坪、林缘、宅旁等地,也可盆栽布置会场、居室等处。

图6.9 散尾葵(一)

图6.10 散尾葵(二)

7)鱼尾葵 *Caryota ochlandra* Hance,棕榈科鱼尾葵属

【别名】假桃榔。

【识别特征】乔木,高可达20 m。干单生,光滑,有环状叶痕。叶大,长可达3~4 m,幼叶近革质,老叶厚革质;先端1裂片扇形,有不规则齿缺,侧面裂片菱形,似鱼尾,长15~30 cm。肉穗花序长3~5 m,黄色,分枝悬垂。果实球形,熟时淡红或紫红,径约2 cm。花期5—7月,果实次年乃至第三年成熟。

【分布习性】产于我国华南、华东以及西南的部分地区。喜光及温暖、湿润的环境,耐阴、略耐寒,不耐干旱,尤其茎干忌暴晒。适生于疏松肥沃的酸性土壤。

【**繁殖栽培**】播种、分株繁殖。播种繁殖多于春季进行,2~3个月后出苗。多年生植株分蘖较多、过于茂密时即可分切种植。

【**园林应用**】茎干挺直,叶形秀美,花色鲜黄,果串硕大,可作庭荫树、行道树等,单植、丛植、列植均可。

图 6.11　鱼尾葵(一)　　　　　　　　　　图 6.12　鱼尾葵(二)

8) 短穗鱼尾葵 *Caryota mitis* Lour,棕榈科鱼尾葵属

【**别名**】丛生鱼尾葵、酒椰子。

　　本种分布习性和园林应用与鱼尾葵基本相同,主要区别在于:丛生小乔木,高5~8 m;茎竹节状,绿色,表面被微白色茸毛。近地面有棕褐色肉质气生根。叶长2~3 m,二回羽状全裂,大小及形状似鱼尾葵。肉穗花序稠密而短,长仅60 cm,熟时蓝黑色。花期4—6月,果期8—11月。

图 6.13　短穗鱼尾葵(一)　　　　　　图 6.14　短穗鱼尾葵(二)

9）假槟榔 *Archontophoenix alexandrae*（F. Muell.）H. Wendl. et Drude，棕榈科假槟榔属

假槟榔

【别名】亚历山大椰子。

【识别特征】常绿乔木，高可达 20 m，茎干挺直，粗约 15 cm，圆柱状，基部略膨大。叶羽状全裂，生于茎顶，长 2～3 m，羽片线状披针形、排列两列，长达 45 cm，全缘或有缺刻，正面绿色，背面灰白色。肉穗花序下垂，长 30～60 cm，多分枝，花白色。果卵球形，熟时红色。花期 4 月，果期 4—7 月。

【分布习性】原产澳大利亚，我国南方华南、东南和西南各地有引种栽培。喜光以及高温、多湿气候，耐寒性差。适生于富含腐殖质的微酸性土壤。

【繁殖栽培】播种繁殖。种子采收后须去除果肉，忌曝晒。宜随采随播或砂藏至次春播种。播前温汤浸种，播后保持床温 20～25 ℃，2 周左右即可萌芽出土。

【园林应用】植株挺拔，树姿优美，在我国南方可作行道树、庭荫树、园景树等，幼株可盆栽布置展厅、会场等。

图 6.15 假槟榔（一）

图 6.16 假槟榔（二）

软叶刺葵

10）软叶刺葵 *Phoenix roebelenii* O'Brien，棕榈科刺葵属

【别名】美丽针葵、江边刺葵。

【识别特征】茎丛生，栽培时常为单生，高 1～3 m。叶羽状全裂，长 1～2 m，稍弯曲下垂。羽片线形，排成两列，近对生，较柔软，长 20～30 cm，宽约 1 cm。花序生于叶丛中，长 30～50 cm，花序轴扁平，分枝多。果长圆形，长约 1.5 cm，径约 5 mm，熟时枣红色。花期 4—5 月，果期 6—9 月。

【分布习性】原产亚洲热带及亚热带地区，现我国南方有引种。喜温暖、湿润及光照充足之环境，耐寒能力不强。适生于疏松、肥沃及湿润的土壤，部分江岸边可见野生者。

【繁殖栽培】软叶刺葵主要通过播种法进行繁殖。秋季果熟采收后即播砂藏至翌年 4 月播种。

【园林应用】枝叶柔软，姿态优美，适宜我国南方庭院、道路、公园等地绿化使用，丛植、群植、片

植均可,也可配置于花坛、花境之中,或盆栽观赏。

图 6.17　软叶刺葵(一)

图 6.18　软叶刺葵(二)

11)袖珍椰子 *Collinia elegans*(Mart.)Liebm.,棕榈科袖珍椰子属

【别名】矮生椰子、玲珑椰子、袖珍葵。

【识别特征】常绿小灌木,高 1~3 m,盆栽高度一般不超过 1 m。茎干直立,不分枝,深绿色,有不规则环纹。羽状复叶全裂,裂片披针形,长 15~25 cm,互生,深绿色,有光泽,全缘,多反卷。肉穗花序腋生、直立,长 40~50 cm,花黄色。浆果球形熟时橙红色。花期 3—4 月。

【分布习性】原产墨西哥与危地马拉等地,我国南方有引种,多盆栽。喜温暖、湿润气候和半阴的环境,不耐强光照射、不耐寒,适生于排水良好、湿润、肥沃的微酸性土壤之中。

【繁殖栽培】分株繁殖、播种繁殖。

【园林应用】植株小巧玲珑,姿态秀雅,叶色浓绿,是优秀的盆栽观叶植物,可置于案头、书桌之上,也可悬吊在室内观赏,或陈列厅堂、会场等,也可室外丛植、群植等。

图 6.19　袖珍椰子(一)

图 6.20　袖珍椰子(二)

12)加拿利海枣 *Phoenix canariensis* Hort. ex Chaub.**,棕榈科海枣属**

【别名】长叶刺葵、加拿利刺葵。

【识别特征】常绿乔木,茎粗壮、单生,株高可达 15 m,具波状叶痕或叶柄(鞘)残基。叶羽状全裂,聚生于顶,长者可达 10 m,每叶有 100 余对狭条形小叶,近基部小叶成针刺状。穗状花序腋生,花小,黄褐色。浆果卵状球形至长椭圆形,熟时橙黄至淡红色。

【分布习性】原产于非洲加拿利群岛,我国华南、东南及西南地区有引种。性喜温暖、湿润的环境,喜光也耐阴,略耐寒,能耐干旱和盐碱土壤。

【繁殖栽培】播种繁殖。播前做好浸种催芽和消毒工作,播种深度 2～3 cm,确保较高温度和湿度,约 25 天后生根。

【园林应用】树体高大,树姿优美,可孤植作园景树、列植为行道树,或丛植、群植造景,也可盆栽观赏。

图 6.21　加拿利海枣(一)

图 6.22　加拿利海枣(二)

7 一、二年生草本花卉

常见一、二年生花卉1　常见一、二年生花卉2　常见一、二年生花卉3

7.1　菊　科

万寿菊

1）万寿菊 *Tagetes erecta* Linn. ，菊科万寿菊属

【别名】臭芙蓉、蜂窝菊。

【识别特征】一年生草本植物，高 20 ~ 90 cm；茎直立粗壮、绿色、多丛生。叶羽状分裂，长 5 ~ 10 cm、宽 4 ~ 8 cm，裂片长椭圆形或披针形，缘有锯齿。头状花序单生，径 5 ~ 10 cm，花色有乳白、黄、橙、橘红及复色等，花型有单瓣、重瓣、绣球等型。瘦果线形，黑色或褐色，花期 6—8 月，果期 8—10 月。

【分布习性】原产墨西哥及中美洲，我国各地均有栽培。喜温暖及阳光充足环境，也耐半阴，较耐寒，对土壤要求不严，较耐移植，生长迅速，病虫害较少。

【繁殖栽培】万寿菊以春季播种繁殖为主，发芽适温 15 ~ 20 ℃，约 1 周即可出苗。万寿菊也可生长期行嫩枝扦插。

【园林应用】万寿菊花大色艳、花期长，可布置花坛、花境，也可盆栽观赏或作切花。

图 7.1　万寿菊

图 7.2　孔雀草

孔雀草

2）孔雀草 *Tagetes patula* Linn. **，菊科万寿菊属**

【别名】小万寿菊、红黄草。

　　本种与万寿菊相似度较高，主要区别在于：一年生，高 20～40 cm，茎直立，多分枝，细长而晕紫色，叶对生或互生，羽状分裂，裂片线形至披针形，先端尖细芒状。头状花序顶生，有长梗，径 2～6 cm，花橙红、橙黄等，花型单瓣、重瓣、鸡冠型等。花期 7—9 月。

　　分布习性、繁殖栽培及园林应用基本同万寿菊。

3）百日草 *Zinnia elegans* Jacq. **，菊科百日草属**

【别名】百日菊、步步高。

【识别特征】一年生草本，茎直立、被糙毛，高 30～100 cm。叶对生，全缘，卵形至长圆状椭圆形，长 5～10 cm，宽 2.5～5 cm，基部稍抱茎，两面粗糙。头状花序径 5～10 cm，单生枝端，花梗甚长。花白、红、黄、紫等色，有单瓣、重瓣、卷叶、皱叶等品种。花期 6—10 月，果期 8—10 月。

【分布习性】原产墨西哥，我国各地广泛栽培。喜温暖、不耐寒，喜阳光、怕酷暑。生性强健，宜在肥沃深土层土壤中生长。

【繁殖栽培】百日草以播种繁殖为主，春季露地播种在 4 月中下旬进行，保护地可冬末春初进行。嫌光性种子，覆土可略厚。

【园林应用】百日草花大色艳，株形美观，栽培管理简单，可用于布置花坛、花境、花带等，也可盆栽或作切花。

　　图 7.3　百日草（一）

　　图 7.4　百日草（二）

4）波斯菊 *Cosmos bipinnata* Cav. **，菊科秋英属**

【别名】秋英、大波斯菊。

【识别特征】一年生草本植物，高 1～2 m。茎具沟纹，光滑或微具毛，枝开展。叶二回羽状全裂，裂片狭线形，较稀疏。头状花序单生，径 3～6 cm，花序梗长 6～18 cm。舌状花通常单轮，白色、粉色、紫红色等，有半重瓣及重瓣品种。瘦果黑紫色，长约 1 cm，有 2～3 尖刺。花期 6—8 月，果期 9—10 月。

【分布习性】原产于墨西哥，我国各地多有栽培。喜温暖及阳光充足环境，不耐寒，忌酷暑。耐干旱瘠薄土地，喜排水良好的砂质土壤，怕积水。

【繁殖栽培】波斯菊春播苗花朵少而枝叶繁茂，可在夏季进行修剪促使矮化，入秋后仍可开花；夏播苗植株矮小而整齐、秋季开花照常。

【园林应用】叶形雅致,花色丰富,自播繁衍能力强,适宜作地被,也可丛植、群植以布置花坛、花境,或与篱笆、山石、崖坡、宅旁等处。

图7.5　波斯菊(一)

图7.6　波斯菊(二)

5)藿香蓟 *Ageratum conyzoides* Linn. ,菊科藿香蓟属

【别名】胜红蓟。

【识别特征】一二年生或多年生草本植物,高30~60 cm,基部多分枝,丛生状,全株具毛。叶对生,卵形至圆形。头状花序径约0.6 cm,聚伞状着生枝顶,花小,蓝或粉白色。瘦果黑褐色,长1.5 mm。花果期全年。

【分布习性】原产美洲热带,现我国华南、东南、西南地区有栽培,已有逸为野生者。喜温暖、湿润及阳光充足环境。适应能力强,对土壤要求不严。分枝力强,耐修剪。易自播繁衍。

【繁殖栽培】播种、扦插繁殖。藿香蓟种子细小,小苗生长缓慢。春播繁殖为主,约10天可出苗。扦插繁殖春夏秋季均可进行,较易成活,条件适宜,10天左右即可生根。

【园林应用】株丛繁茂,花色淡雅,常配植于花坛、花境或作地被,也可点缀庭院、路旁、岩石旁等。

图7.7　藿香蓟(一)

图7.8　藿香蓟(二)

6)雏菊 *Bellis perennis* Linn. ,菊科雏菊属

【别名】春菊、马兰头花、延命菊。

【识别特征】多年生草本植物,常作二年生栽培。植株矮小,株高 7 ~ 15 cm,全株有毛。叶基生,匙形或倒长卵形,顶端圆钝,基部渐狭成柄,上半部边缘有疏钝齿。花葶自叶丛中抽出,被毛。头状花序单生,直径 2.5 ~ 4 cm,有紫、粉、白等色。花期4—6月,果期5—7月。

【分布习性】原产欧洲,我国各地庭院常见。性喜冷凉气候,忌炎热。喜光也耐半阴,较耐寒。对土壤要求不严格,但以疏松、肥沃的土壤为宜。

【繁殖栽培】秋季露地苗床播种繁殖,播种后宜用苇帘遮阴,勿用薄膜覆盖。春播苗夏季长势差。

【园林应用】叶密集矮生,颜色碧翠,花朵娇小可爱,适宜布置花坛、花境边缘,也可盆栽观赏。

图7.9　雏菊(一)

图7.10　雏菊(二)

金盏花

7)金盏菊 *Calendula officinalis* Linn.,菊科金盏菊属

【别名】金盏花、黄金盏、常春花。

【识别特征】一二年生草本植物,株高30 ~ 60 cm,全株被白色茸毛。单叶互生,椭圆形或椭圆状倒卵形,全缘或有不明显锯齿,基生叶有柄,上部叶稍抱茎。头状花序单生茎顶,径 4 ~ 10 cm,有乳白、浅黄、橙、橘红等色。花期4—6月,果期5—7月。

【分布习性】原产欧洲西部及地中海沿岸等地,现世界各地都有栽培。喜阳光充足环境,适应性较强,耐寒,怕炎热。对土壤要求不严,耐干旱瘠薄,但以疏松、肥沃的微酸性土壤最好。对二氧化硫等有毒有害气体有较强的抗性。自播繁殖能力强。

【繁殖栽培】秋播繁殖为主。

图7.11　金盏菊(一)

图7.12　金盏菊(二)

【园林应用】金盏菊花型多变,花期较早,适宜布置花坛、花境、花带等,也可作为草坪的镶边或盆栽观赏、切花等。

8)瓜叶菊 *Pericallis hybrida* B. Nord.,菊科瓜叶菊属

瓜叶菊

【别名】富贵菊、黄瓜花。

【识别特征】多年生草本植物,多作一二年生栽培。茎直立,高30～70 cm,全株被密柔毛。叶具柄,叶片大,心状卵圆形或心状三角形,长10～15 cm,宽10～20 cm,正面浓绿色,背面灰白色,被密茸毛。头状花序多数,径3～5 cm,在茎端排列成宽伞房状。花紫红、淡蓝、粉红或近白色。花期11月至次年4月。

【分布习性】原产大西洋加那利群岛,我国各地公园或庭院广泛栽培。性喜温暖、湿润、通风良好的环境,忌炎热和高温干燥,怕霜冻、怕雨涝。适生于富含有机质的疏松、肥沃而排水良好的砂质土壤。

【繁殖栽培】秋季播种繁殖为主,适温20～25 ℃,10～20 d萌芽,自播种到开花约需时6个月。

【园林应用】花型花色丰富多彩,是我国元旦、春节期间的主要观赏盆花之一,可用于布置花坛、花境及盆栽室内摆放。

图7.13　瓜叶菊(一)

图7.14　瓜叶菊(二)

9)向日葵 *Helianthus annuus* Linn.,菊科向日葵属

【别名】朝阳花、转日莲、向阳花、望日莲、太阳花。

【识别特征】一年生草本植物,高1.0～3.5 m,也有高约0.5 m之矮生品种。茎直立,粗壮,圆形多棱角,有粗硬毛。叶常互生、心状卵形或卵圆形,先端锐突或渐尖,边缘具粗锯齿,两面粗糙,被毛,有长柄。头状花序大型,径10～30 cm,单生于茎顶或枝端,常下倾,花序边缘生黄色舌状花,不结实。花序中部为两性的管状花,棕色或紫色,结实。瘦果,倒卵形或卵状长圆形,稍扁压,果皮木质化,灰色或黑色,俗称为葵花籽。

【分布习性】向日葵作为主要油料作物之一,我国南北各地均有栽培。阳性植物,喜温也耐寒,不耐旱。适应能力强,对土壤要求不严。

【繁殖栽培】春季播种繁殖为主,播前温汤浸种,播时种子尖端朝,4～5 d即可萌芽。

【园林应用】向日葵除用于经济生产外,可以丛植、片植造景,也可盆栽布置花坛、花境,或用作切花等。

图 7.15　向日葵（一）

图 7.16　向日葵（二）

7.2　唇形科

一串红

1）一串红 *Salvia splendens* Ker-Gawler，**唇形科鼠尾草属**

【别名】炮仗红、墙下红、撒尔维亚。

【识别特征】多年生草本植物，常作一年生栽培，茎基部多木质化，株高可达 90 cm。茎四棱，光滑，节常呈紫红色。叶对生，卵圆形或三角状卵圆形，长 2.5～5 cm，宽 2～4.5 cm，先端渐尖，边缘有锯齿，正面绿色，背面较淡，两面无毛。顶生总状花序，花序长可达 20 cm，被红色柔毛。花萼钟形，红色，花冠红色。小坚果椭圆形，长约 3 mm，暗褐色。花期 7—10 月，果熟期 8—10 月。

【分布习性】原产于巴西，我国各地广泛栽培。喜阳，也耐半阴，不耐寒，忌霜冻。适生于疏松、肥沃和排水良好的砂质土壤。常见栽培尚有一串紫（*S. horminum* Linn.）、一串蓝（*S. farinacea* Benth.）等变种。

【繁殖栽培】一串红多播种或扦插法繁殖。春播秋播均可，条件合适，8～10 d 萌芽。扦插多于生长季节取软枝扦插，可结合摘心等修剪时进行。

【园林应用】一串红花朵繁密，色彩艳丽，常用作花丛花坛的主体材料，也可配置于带状花坛或植于林缘、路旁等，也是盆栽观赏的优良品种。

图 7.17　一串红（一）

图 7.18　一串红（二）

2）**彩叶草** *Coleus hybridus* Hort. ex Cobeau，**唇形科鞘蕊花属**

【别名】洋紫苏、锦紫苏。

【识别特征】多年生草本植物，常作一二年生栽培，株高 50～80 cm，茎四棱、直立、少分枝。单叶对生，卵圆形，先端长渐尖，边缘具齿。叶面绿色，有淡黄、桃红、朱红、紫等色彩鲜艳的斑纹。顶生总状花序、花小、浅蓝色或浅紫色，花期 8—9 月。

【分布习性】原产印度尼西亚等地，现世界各地广泛分布，且其栽培变种、品种极多。喜温暖、湿润气候及阳光充足的环境，不耐寒，稍耐阴。适应性强，适生于疏松、肥沃而排水良好的土壤。彩叶草变种、品种极多。

【繁殖栽培】播种、扦插繁殖。播种繁殖四季均可进行，适温 25～30 ℃，约 10 d 萌芽。扦插极易成活，可结合修剪进行软枝扦插，约 2 周生根。

【园林应用】色彩鲜艳，耐粗放管理，可配置于花坛、环境以及路边镶边种植，也可盆栽布置室内，或切叶栽培等。

图 7.19　彩叶草（一）

图 7.20　彩叶草（二）

7.3　茄　科

碧冬茄

1）**矮牵牛** *Petunia hybrida* Vilm.，**茄科矮牵牛属**

【别名】碧冬茄、灵芝牡丹、番薯花。

【识别特征】多年生草本植物，常作一年生栽培。株高 20～60 cm，全株有毛。茎直立或倾卧。下叶多互生，上部叶近对生，卵形，全缘，近无柄。花单生叶腋或枝端，花冠漏斗状，径 5～18 cm，有皱褶、单瓣、重瓣等型。花色极为丰富，有白、红、紫、蓝、黄及嵌纹、镶边等色。花期 4 月至霜降，冬暖地区可持续开花。

【分布习性】原产南美，现世界各地广泛栽培。喜温暖和阳光充足的环境，不耐霜冻，怕雨涝，适生于疏松、肥沃和排水良好的土壤。

【繁殖栽培】矮牵牛四季均可播种育苗，具体播种期因用花期而定。种子细小，播后细喷雾湿润种子，不需覆盖即可。

【园林应用】花繁叶盛，花期长，色彩丰富，是优良的花坛和花境植物，可自然式丛植、群植等，也可盆栽布置花槽、点缀窗台、装饰庭院等。

图 7.21 矮牵牛（一）   图 7.22 矮牵牛（二）

曼陀罗

2）曼陀罗 *Datura stramonium* Linn. , 茄科曼陀罗属

【别名】醉心花、狗核桃。

【识别特征】一年生直立草本或亚灌木,株高 1～2 m,全体近于平滑或在幼嫩部分被短柔毛。茎粗壮,圆柱状,淡绿色或带紫色,下部木质化。叶互生,上部呈对生状,叶片卵形或宽卵形,顶端渐尖,边缘有不规则波状浅裂,裂片顶端急尖,有时也有波状牙齿。花单生于枝杈间或叶腋,直立,有短梗。花萼筒状,长 4～5 cm,顶端 5 浅裂,裂片三角形。花冠漏斗状,下半部带绿色,上部白、黄、淡紫等色,长 6～10 cm,径 3～5 cm。蒴果直立,卵状,长 3～5 cm,直径 2～4 cm。花期 6—10 月,果期 7—11 月。

【分布习性】原产印度,现广泛分布于温带至热带地区,我国华南、西南、华中、华东等地多有分布,多野生在田间、沟旁、道边、河岸、山坡等处。喜温暖、湿润及阳光充足环境,适应能力极强,适生于疏松、肥沃及排水良好的砂质土壤。

【繁殖栽培】曼陀罗自播繁殖能力强。人工播种繁殖多于春季撒播。

【园林应用】花艳丽妖娆,高贵华丽,有香气,适宜配植于公园、庭院等处,孤植、丛植均可,也可盆栽观赏,但叶花果有毒,须注意安全。

图 7.23 曼陀罗（一）   图 7.24 曼陀罗（二）

千日红

7.4　苋　科

1）千日红 *Gomphrena globosa* Linn.，苋科千日红属

【别名】火球花、千日草。

【识别特征】一年生直立草本植物，株高 20～60 cm，全株密被细毛。茎粗壮，有分枝，枝略成四棱形。叶对生，纸质、椭圆形至倒卵形，长 3.5～13 cm，宽 1.5～5 cm，顶端急尖或圆钝，基部渐狭，边缘波状，叶柄长 1～1.5 cm。头状花序球形，常 1～3 个簇生于梗端。花小，密生，紫红、淡紫色或白色。果近球形，径约 2 mm。花果期 6—10 月。

【分布习性】热带和亚热带地区常见花卉，我国各地习见栽培。性喜阳光充足、气候干燥之环境。生性强健、耐旱、不耐寒、怕积水，喜疏松、肥沃土壤，耐修剪。

【繁殖栽培】播种繁殖，于秋季采种，春季播种，适温 20～25 ℃，10～15 d 可出苗。因种子满布毛茸，出苗迟缓，故播前宜催芽处理。扦插繁殖多在夏季剪取健壮枝梢作插穗，适温 20～25 ℃，2～3 周生根。

千日红幼苗生长缓慢，春季 4—5 月播于露地苗床，6 月定植。

【园林应用】花色鲜艳，花期长，是布置花坛、花境的常用材料，也可盆栽以及制作干花。

图 7.25　千日红（一）

图 7.26　千日红（二）

2）鸡冠花 *Celosia cristata* Linn.，苋科青葙属

【别名】红鸡冠。

【识别特征】一年生直立草本植物，高 30～90 cm，稀分枝。茎光滑，有棱线或沟。叶互生，有柄，卵状至线形，变化不一，全缘，基部渐狭。穗状花序，顶生、肉质，中下部集生小花，白、黄、橙红、玫瑰紫等色。花期 8—10 月。

【分布习性】原产非洲、美洲热带及亚洲印度等地，现世界各地广泛栽培。喜温暖、干燥气候，不耐寒、不耐涝，对土壤要求不严，适生于阳光充足、肥沃、疏松的砂质土壤。生长快，耐粗放管理，自播繁殖能力和抗污染能力强。

【繁殖栽培】鸡冠花宜春季播种繁殖，适温 15～20 ℃、10～15 d 出苗。

【园林应用】花型独特，花色鲜艳，适宜配置于花坛、花境，也可盆栽观赏及用作切花、制作干花等。

3)凤尾鸡冠 Celosia cristata f. plumose Hort.,苋科青葙属

【别名】扫帚鸡冠、芦花鸡冠。

　　本种分布习性及园林应用基本同鸡冠花,主要区别在于:株高 60～150 cm,全株多分枝而开展,各枝端着生疏松的火焰状大花序。花色极多变化,有银白、乳黄、橙红、玫瑰至暗紫等色。

图 7.27　鸡冠花

图 7.28　凤尾鸡冠

7.5　玄参科

蓝猪耳

1)夏堇 Torenia fournieri Linden. ex Fourn.,玄参科蝴蝶草属

图 7.29　夏堇(一)

图 7.30　夏堇(二)

【别名】蓝猪耳、蝴蝶草。

【识别特征】一年生草本植物,株高 20～30 cm,分枝多,全株无毛。叶对生,卵形或卵状披针形,质薄,边缘有锯齿。花顶生或在茎上部腋生,蓝紫色、粉红色或白色等。夏至秋季均可开花。

【分布习性】我国华南、东南、西南各地有分布。性喜温暖、湿润气候,喜光、不畏炎热,耐寒能力差,适生于疏松、肥沃、湿润的土壤或砂质土壤。

【繁殖栽培】夏堇宜春播繁殖,冬暖地区可秋播。条件合适,播种后 2 周萌芽、12～14 周开花。

【园林应用】株形美观,花色雅致,是优秀的夏季赏花植物之一,适宜布置花坛、花境,也可盆栽观赏。

2）金鱼草 *Antirrhinum majus* Linn. ，玄参科金鱼草属

【别名】龙头花、龙口花、洋彩雀。

【识别特征】多年生直立草本植物，多作二年生栽培。茎基部木质化，株高 20～80 cm，微被茸毛。茎下部之叶对生，上部之叶常互生，叶片披针形至阔披针形，全缘、光滑。总状花序顶生，密被腺毛。小花有梗，长 5～7 mm；花冠筒状唇形，外被茸毛，基部膨大呈囊状，上唇直立、2 裂，下唇 3 浅裂，有红、紫、黄、白、粉等色。花期 5—7 月，果熟 7—8 月。

【分布习性】原产南欧及地中海沿岸，我国各地习见栽培。喜阳光，也能耐半阴，较耐寒，不耐酷暑。适生于疏松、肥沃、排水良好的土壤。

【繁殖栽培】金鱼草以播种繁殖为主，春秋均可播种，秋播苗木更为健壮、开花更加茂盛。也可以用扦插繁殖。

【园林应用】种类及品种多，花色丰富，可群植于花坛、花境，也可盆栽观赏或作切花使用。

图 7.31　金鱼草（一）　　　　　　图 7.32　金鱼草（二）

7.6　夹竹桃科

长春花 *Catharanthus roseus*（Linn.）G. Don，夹竹桃科长春花属

【别名】日日草、四时春、山矾花、时钟花。

【识别特征】多年生草本植物，作一、二年生栽培。茎直立，基部木质化，株高 20～60 cm，全株无毛或仅有微毛；茎灰绿色，有条纹；叶对生，倒卵状长圆形，长 3～4 cm，宽 1.5～2.5 cm，浓绿而有光泽。花单生或数朵簇生，花冠裂片 5 枚，倒卵形。花色丰富，有白、蔷薇红等色。蓇葖果长约 2.5 cm，有毛。花期、果期几乎全年。

【分布习性】原产非洲东部，我国各地习见栽培。喜阳光及温暖、湿润环境，耐半阴，不耐严寒，忌湿怕涝。对土壤要求不严，以排水良好、通风透气的砂质或富含腐殖质土壤为宜。

【繁殖栽培】播种、扦插繁殖。长春花果熟期先后不一，且果实易裂开散失种子，故随熟随采。

以春播繁殖为主,发芽适温20~25 ℃。扦插繁殖多在4—7月进行,适温20~25 ℃,3周左右即可生根。

【园林应用】花期长,病虫害少,适宜布置花坛,也可盆栽作温室花卉。

图7.33 长春花(一)　　　　　　　　图7.34 长春花(二)

7.7 马齿苋科

大花马齿苋

大花马齿苋 Portulaca grandiflora Hook.,马齿苋科马齿苋属

图7.35 大花马齿苋(一)　　　　　　图7.36 大花马齿苋(二)

【别名】太阳花、松叶牡丹、龙须牡丹、午时花、半枝莲。

【识别特征】一年生草本植物,株高15~20 cm。茎细而圆,茎叶肉质,平卧或斜生,节上有丛毛。叶散生或略集生,圆柱形。花单生或数朵簇生枝端,径2~3 cm,单瓣、重瓣均有。花色鲜艳,有白、粉、黄、红、紫等色,花期5—11月,温暖地区全年可花。

【分布习性】原产南美,现我国各地均有栽培。喜温暖、阳光充足的环境,阴暗潮湿之处生长不良。耐干旱及瘠薄土地,适生于排水良好的砂质土壤。适应能力强,耐粗放管理,能自播繁殖。

【繁殖栽培】半枝莲适应能力极强,能自播繁衍。人工播种春、夏、秋季,气温20 ℃以上均可播种,约10 d即可萌芽。扦插繁殖常用于重瓣品种,于夏季将剪下的枝梢作插穗,萎蔫的茎也可利用。

【园林应用】植株矮小,枝叶茂盛,花色丰富而鲜艳,适宜布置花坛、花境、花丛等,也可盆栽摆放窗台等。

7.8　马鞭草科

1）美女樱 *Verbena hybrida* Voss，**马鞭草科马鞭草属**

【别名】美人樱、草五色梅、铺地马鞭草、铺地锦、四季绣球。

【识别特征】多年生草本植物，多作一二年生栽培。植株宽广，高 30～50 cm，丛生而铺覆地面，全株有细茸毛，茎四棱、叶深绿色、对生、有梗，披针状三角形，缘具缺刻状粗齿，或近基部稍分裂。穗状花序顶生，开花部分呈伞房状，花小而密集，有白、粉、红、紫或复色等，有香气。花期 6—9 月，果期 9—10 月。

【分布习性】原产南美洲，现世界各地广泛栽培，我国各地有引种。喜阳光、不耐阴，较耐寒、不耐旱，对土壤要求不严，适生于阳光充足、疏松、肥沃的土壤。

【繁殖栽培】美女樱播种繁殖发芽率较低，仅为 50% 左右。扦插可在 5—6 月取软枝作插穗进行扦插繁殖。

【园林应用】茎秆低矮匍匐，花色丰富，是良好的地被材料，可用于城市道路绿化带，布置花坛、花境或作地被等，也可盆栽观赏。

2）细叶美女樱 *Verbena tenera* Spreng，**马鞭草科马鞭草属**

【别名】裂叶美女樱、羽叶马鞭草。

【识别特征】本种分布习性、园林应用与美女樱高度相似，但观赏价值略低。主要区别在于：多年生，基部木质化，茎丛生，倾卧状，高 20～40 cm。叶二回深裂或全裂，裂片狭线形。穗状花序，花蓝紫色。

图 7.37　美女樱

图 7.38　细叶美女樱

7.9　十字花科

羽衣甘蓝 *Brassica oleracea* var. *acephala* de Candolle，**十字花科芸薹属**

【别名】叶牡丹、牡丹菜、花包菜、绿叶甘蓝等。

【识别特征】二年生草本植物,形如牡丹。株高 30 ~ 40 cm,抽薹开花时高可达 2 m。茎短缩,叶密生,宽大匙形、倒卵形等,也有呈鸟羽状者,光滑无毛,被白粉,外部叶呈粉蓝绿色,边缘呈细波状皱褶,叶柄粗而有翼。内侧叶色极为丰富,有紫红、粉红、白、黄绿等色。花序总状,花期 4 月。

【分布习性】原产地中海沿岸至小亚细亚一带,现各地广泛栽培。喜冷凉气候,极耐寒、耐热、不耐涝。对土壤适应能力较强,而以腐殖质丰富肥沃土壤或黏质土壤最宜。

【繁殖栽培】羽衣甘蓝以播种繁殖为主,多于 7—8 月进行。

【园林应用】叶形多变,叶色鲜艳,观赏期长,适宜公园、街头、花坛等处布置,也可盆栽观赏。

图 7.39   羽衣甘蓝(一)   图 7.40   羽衣甘蓝(二)

7.10   旱金莲科

旱金莲 *Tropaeolum majus* Linn. ,**旱金莲科旱金莲属**

【别名】旱荷、金莲花、大红雀。

图 7.41   旱金莲(一)   图 7.42   旱金莲(二)

【识别特征】多年生草本植物,常作一年生栽培。茎叶稍肉质,半蔓性,长可达 1.5 m,无毛或被疏毛。叶互生,近圆形,柄长 6 ~ 20 cm,盾状着生于叶片的近中心处。单花腋生,左右对称,梗较长。花径 3 ~ 6 cm,花瓣 5 枚,乳白、浅黄、橘红、深紫或杂色。花期 7—9 月,果期 7—11 月。

【分布习性】原产南美,我国多地有引种。性喜凉爽气候,不耐严寒酷暑。适生于疏松、肥沃、通透性强的砂质土壤,喜湿润,怕渍涝。

【繁殖栽培】旱金莲可以播种或扦插繁殖。播种繁殖可春播秋季赏花,或秋播春季赏花。扦插繁殖多于于4—6月进行,软枝扦插、2—3周可生根。

【园林应用】茎叶优美,花大色艳,花形奇特,尤其适宜布置花境,可自然式丛植,或点缀于岩石园、灌丛间等,也可盆栽装饰阳台、窗台或置于室内书桌、几架观赏。

7.11　董菜科

三色堇

1)三色堇 *Viola tricolor* Linn. ,董菜科董菜属

【别名】蝴蝶花、猫脸花、鬼脸花。

【识别特征】多年生草本植物,常作二年生栽培。株高10～25 cm,全株光滑,茎长多分枝,直立或稍倾斜,有棱。叶互生,基生叶长卵形、茎生叶较狭。花朵较大,径约5 cm,腋生,下垂。花瓣5,不整齐。花色瑰丽,通常为黄、白、紫三色,也有纯白、浓黄、蓝、青等纯色者。花期4—6月,果期5—7月。

【分布习性】原产欧洲,现我国各园林习见栽培。喜阳光、略耐半阴,喜凉爽,较耐寒,忌高温和积水,适生于肥沃、湿润的土壤,贫瘠地则品性退化明显。

【繁殖栽培】三色堇以播种繁殖为主,多秋播次春用花。

【园林应用】株型低矮,花色瑰丽,适宜庭院配置,也可布置花坛、花境、草坪边缘,或盆栽布置阳台、窗台、台阶,点缀居室、书房等。

图7.43　三色堇(一)

图7.44　三色堇(二)

2)角堇 *Viola cornuta* Desf. ,董菜科董菜属

【别名】小三色堇。

【识别特征】本种分布习性、园林应用与三色堇基本相同,主要区别在于:多年生草本植物,常作一二年生栽培。株高10～25 cm,茎较短而稍直立,花径2.5～3.5 cm,堇紫色,也有复色、黄色、白色等变种。

与三色堇相比,本种花径较小、花朵繁密、花色较浅,中间无深色圆点,只有猫胡须一样的黑色直线。

图7.45　角堇(一)

图7.46　角堇(二)

7.12　石竹科

石竹 Dianthus chinensis Linn. ,*石竹科石竹属*

【别名】洛阳花、中国石竹、中国沼竹、石竹子花。

【识别特征】多年生草本植物,常作一二年生栽培。株高30~50 cm,茎直立或基部稍呈匍匐状,上部分枝。单叶对生,线状披针形,长3~5 cm,宽2~4 mm,基部抱茎。花单生枝端或数花集成聚伞花序;花瓣5,先端有锯齿,有紫红、粉红、鲜红或白等色,稍具香气。花期5—9月,果期7—11月。

【分布习性】原产我国北方,现南北各地均有栽培。性耐寒、耐干旱,不耐酷暑,喜阳光充足环境,略耐半阴。要求肥沃、疏松、排水良好及含石灰质的土壤或砂质土壤,忌水涝,好肥。对二氧化硫、氯气等有毒气体有较强的吸收能力。

【繁殖栽培】石竹以播种、分株繁殖为主。播种繁殖多秋季进行,发芽适温20 ℃左右,约1周萌芽。分株繁殖多在秋季或早春将老株分丛栽植即可。

【园林应用】株型低矮,茎秆似竹,叶丛青翠,花色多变,可用于布置花坛、花境、花台或盆栽,也可用作点缀岩石园、草坪边缘等。

图7.47　石竹(一)

图7.48　石竹(二)

7.13 罂粟科

1）虞美人 *Papaver rhoeas* Linn. ，罂粟科罂粟属

【别名】丽春花、赛牡丹、满园春、舞草。

【识别特征】一二年生草本植物，全体被毛。茎直立、具分枝，株高 25～60 cm。叶互生，狭卵形至阔披针形，长 3～15 cm，宽 1～6 cm。花单生于茎和分枝顶端，花梗长 10～15 cm，密被刚毛。花色白、粉、红等，或有不同颜色之边缘。蒴果宽倒卵形，长约 1 cm。花果期 3—8 月。

【分布习性】产于欧亚温带大陆，我国有大量栽培。喜阳光充足之凉爽气候，耐寒、怕暑热，喜疏松、排水良好的土壤，忌积水。不耐移栽，能自播繁殖。

【繁殖栽培】虞美人小苗不耐移植，宜直播繁殖，春播秋播均可。

【园林应用】轻盈秀美，花多多姿，适宜用于花坛、花境，也可于公园等地片植作地被或盆栽观赏。

图 7.49 虞美人（一）　　　　　　　图 7.50 虞美人（二）

2）花菱草 *Eschscholtzia californica* Cham. ，罂粟科花菱草属

【别名】金英花、人参花，洋丽春。

【识别特征】多年生草本植物，常作一二年生栽培。株高 30～60 cm，直立或开展倾卧状。茎直立，无毛，分枝多。叶基生为主，长 10～30 cm，叶柄长，叶片灰绿色，数回掌状至羽状深裂至全裂，裂片形状多变，线形至长圆形。花单生于茎和分枝顶端，有长梗，花径 5～7 cm。花瓣 4 枚，有乳白、淡黄、橙、橘红、猩红、浅粉等色。蒴果狭长圆柱形。花期 4—8 月，果期 6—9 月。

【分布习性】原产美国西南部，我国广泛引种栽培。喜冷凉干燥气候，较耐寒，耐干旱瘠薄土地，宜疏松、肥沃、排水良好、上层深厚的砂质。自播繁殖能力强。

【繁殖栽培】花菱草以秋季播种繁殖为主，15～20 ℃，1 周左右即可出苗。

【园林应用】茎叶嫩绿，花色绚丽，适宜布置花坛、花境，或路旁丛植、带状栽植、片植覆盖斜坡等，观赏效果很好。

图 7.51　花菱草(一)

图 7.52　花菱草(二)

7.14　报春花科

1)**报春花 *Primula malacoides* Franch. ,报春花科报春花属**

【别名】年景花、樱草。

图 7.53　报春花(一)

图 7.54　报春花(二)

【识别特征】多年生草本植物,常作一二年生栽培。株高 30~50 cm,通常被粉。叶卵圆形,基部心脏形,边缘有锯齿,叶长 6~10 cm,有柄,叶背有白粉。花葶 1 至多枚自叶丛中抽出,高10~40 cm。花白色、淡紫、粉红至深红等色,径 1~1.5 cm,伞形花序,多轮重出,2~10 轮。有香气,花梗高出叶面,花萼被白粉。园艺品种甚多,有高型、矮型、大花、多花、重瓣、单瓣、裂瓣、斑叶等。花期 2—5 月,果期 3—6 月。

【分布习性】原产我国云贵高原,现各地广泛栽培。喜温暖、湿润、通风良好之环境,不耐炎热,忌强光直射,略耐阴,不甚耐寒。适生于疏松、肥沃、排水良好的钙质土、铁质土壤。

　　一般用作冷温室盆花的报春花,如鄂报春、藏报春,宜用中性土壤栽培。不耐霜冻,花期早。而作为露地花坛布置的欧报春花,则适合生长于阴坡或半阴环境,喜排水良好、富含腐殖质的土壤。

【繁殖栽培】报春花以播种繁殖为主,其种子寿命较短,不耐贮藏。播种期可据用花期而定,一般播后 6 个月左右便可开花。

【园林应用】优秀的盆栽花卉,除盆栽观赏外,可布置花坛、花境,也可点缀岩石园或用于生产切花。

2）四季报春 *Primula Obconica* Hance，报春花科报春花属

四季报春

【别名】四季樱草、仙鹤莲、鄂报春。

【识别特征】多年生草本植物,常作一二年生栽培。株高约 30 cm,茎较短为褐色。叶为长圆形至卵圆形,长约 10 cm,有长柄,叶缘有浅波状齿。花梗叶丛中抽出,花葶多数,伞形花序。花漏斗状,径约 2.5 cm,有白、洋红、紫红、蓝、淡紫、淡红等色,花期 1—5 月。

　　本种原产我国华中、西南等地,其习性、园林应用基本同报春。

图 7.55　四季报春(一)　　　　　　　　图 7.56　四季报春(二)

3）藏报春 *Primula sinensis* Sabine ex Lindl.，报春花科报春花属

【别名】大樱草、中华报春。

【识别特征】多年生草本植物,多作温室一二年生栽培。株高 15～30 cm,全株密被柔毛。叶卵圆形,有浅裂,缘具缺刻状锯齿,基部心脏形,有长柄。伞形花序 1～3 轮,花径约 3 cm,有粉红、深红、淡蓝和白色等。花期 12 月至翌年 3 月,果期 2—4 月。栽培变种较多。

　　本种原产我国西南、华中等地,其习性、园林应用基本同报春。

图 7.57　藏报春(一)　　　　　　　　图 7.58　藏报春(二)

4）欧洲报春 *Primula acaulis* Linn.**，报春花科报春花属**

【别名】德国报春、西洋樱草。

【识别特征】多年生草本植物，常作一二年生栽培。植株丛生，株高8～15 cm。叶基生，长椭圆形或倒卵状椭圆形，钝头、叶面皱，基渐狭成有翼的叶柄。花葶多数，长3.5～15 cm，单花顶生，有香气，花径约4 cm。伞状花序，有单和重瓣花型。花色鲜艳，有大红、粉红、紫、蓝、黄、橙、白等色，一般喉部多为黄色。花期春季。

本种原产欧洲，其习性、园林应用基本同报春。

图7.59　欧洲报春（一）

图7.60　欧洲报春（二）

7.15　凤仙花科

凤仙花

凤仙花 *Impatiens balsamina* Linn.**，凤仙花科凤仙花属**

【别名】指甲花、急性子、金凤花、小桃红。

图7.61　凤仙花

图7.62　凤仙花（果）

【识别特征】一年生草本植物，高60～100 cm。茎粗壮直立，肉质，近光滑，无毛或幼时被疏柔毛，浅绿或晕紫色，下部节常膨大。叶互生，最下部叶有时对生，披针形、狭椭圆形或倒披针形，长4～12 cm、宽1.5～3 cm，先端渐尖，边缘有锐锯齿。花单生或2～3朵簇生于叶腋，或成总状花序。花瓣5,白色、粉红、玫瑰红、紫色等,单瓣或重瓣。蒴果宽纺锤形,两端尖,密被柔毛。熟时一触即裂,长1~20 cm。花期6—8月,果熟期7—9月。

【分布习性】原产亚洲,我国各地庭院广泛栽培。性喜阳光,怕湿,耐热不耐寒。对土壤要求不严,能自播繁殖。

【繁殖栽培】凤仙花多播种繁殖为主,3—9月均可播种,以春播最为适宜。

【园林应用】凤仙花花型多变,花色艳丽,适宜布置花坛、花境及盆栽观赏,也可配植花篱等。

7.16　紫茉莉科

紫茉莉

紫茉莉 Mirabilis jalapa Linn. ,紫茉莉科紫茉莉属

【别名】粉指花、夜饭花、夜娇娇。

【识别特征】一年生草本植物,高可达1 m。茎多分枝而开展,茎光滑,具明显膨大的节部。单叶对生,三角状卵形,长3~15 cm,宽2~9 cm,顶端渐尖,全缘,两面均无毛。花数朵簇生枝端,总苞萼状,宿存。花萼花瓣状,漏斗形,缘有波状5浅裂。花午后开放,有香气,高脚碟状,有紫红、黄色、白色、粉或杂色等。瘦果球形,直径0.5 cm,黑色,表面具皱纹。花期6—10月,果期8—11月。

【分布习性】原产美洲热带地区,我国南北各地均有栽培,也有逸为野生者。性喜温和而湿润气候,不耐寒。适生于土层深厚、疏松、肥沃的土壤。

【繁殖栽培】紫茉莉自播繁衍力强,人工栽培多春播繁殖为主,适温15~20 ℃,1周左右萌芽。

【园林应用】花色丰富,栽培管理简便,适宜于房前屋后、林缘、篱旁等处配置,也可盆栽观赏。

图7.63　紫茉莉(一)

图7.64　紫茉莉(二)

8 宿根花卉

8.1 菊 科

1）菊花 *Chrysanthemum × morifolium* Ramat. ,菊科菊属

【别名】寿客、金英、黄华、秋菊、陶菊。

【识别特征】多年生宿根花卉,高 60～150 cm,茎基部半木质化。茎青绿色至紫褐色,被柔毛。叶互生,有短柄,卵形至披针形、羽状浅裂至深裂,边缘有粗大锯齿,基部楔形。头状花序单生或数个集生于枝顶,径 2.5～20 cm,微香。花色有红、黄、白、橙、紫、粉红、暗红色等,栽培品种极多,花型各异,有单瓣、平瓣、匙瓣等多种类型。雄蕊、雌蕊和果实多不发育。花期 9—11 月。

【分布习性】原产于我国,现国内各地遍布。喜温暖、湿润气候,稍耐寒,忌荫蔽,较耐旱,怕涝。对土壤要求不严,喜地势高燥、土层深厚、富含腐殖质、轻松肥沃而排水良好的土壤。

【繁殖栽培】菊花多以扦插繁殖为主,也可分株、嫁接繁殖等。扦插可于春夏软枝扦插,分株宜在清明前后进行。

【园林应用】菊花品种繁多,花形、花色丰富,适宜布置花坛、花境及岩石园等,也可培育制作各种造型,组成菊塔、菊桥、菊篱、菊亭、菊门、菊球等。

图 8.1 菊花(一)

图 8.2 菊花(二)

2）**大吴风草** *Farfugium japonicum*（Linn. f.）Kitam, 菊科大吴风草属

【别名】八角乌、活血莲、金钵盂、独角莲、一叶莲、大马蹄香、大马蹄。

【识别特征】常绿多年生草本植物,根状茎粗壮。叶互生,基生叶有长柄,肾形,长4～15 cm,宽6～30 cm,革质、有光泽。花葶高30～70 cm,幼时被密的淡黄色柔毛,后渐脱落。头状花序在顶端排成伞房状,径4～6 cm,花黄色。花期夏至冬季。

【分布习性】我国东部各省有分布。喜半阴和湿润环境,怕阳光直射,较耐寒。对土壤适应能力强,以肥沃、疏松、排水良好的土壤为宜。

【繁殖栽培】大吴风草以分株繁殖为主,多结合春季翻盆换土时进行,也可播种繁殖。

【园林应用】植株低矮整齐,叶肥厚光亮,耐阴能力强,适宜作林下地被或配置建筑物阴面、立交桥下等处。

图8.3　大吴风草(一)

图8.4　大吴风草(二)

3）**非洲菊** *Gerbera jamesonii* Bolus, 菊科扶郎花属

图8.5　非洲菊(一)

图8.6　非洲菊(二)

【别名】扶郎花、灯盏花、太阳花。

【识别特征】多年生莲座状草本植物,根状茎短,全株被细毛。叶基生,长椭圆形披针形,长10～14 cm,宽5～6 cm,顶端短尖或略钝,基部渐狭,羽状浅裂或深裂。头状花序单生于花葶之顶,径8～12 cm;舌状花深红、橘红、黄红、淡红至白色,变化多。瘦果圆柱形,长4～5 mm,密被白色短柔毛。花期11月至翌年4月。

【分布习性】原产于南非,我国华南、华东、华中等地有栽培。喜冬暖夏凉、空气流通、阳光充足的环境,不耐寒,忌炎热。适生于疏松、肥沃、排水良好、富含腐殖质的微酸性砂质土壤,忌黏重土壤。

【繁殖栽培】非洲菊可分株繁殖、播种、扦插以及组培繁殖等。分株繁殖可将每个母株分割成数株另行栽植。

【园林应用】花枝挺拔,花朵硕大,切花率高,瓶插长,是世界著名切花之一,也可布置花坛、花境或盆栽装饰厅堂、会场等。

8.2　芍药科

***芍药** Paeonia lactiflora* Pall. *,芍药科芍药属*

【别名】将离、离草、白术、余容、犁食、没骨花。

【识别特征】多年生草本植物,根粗壮、肉质。茎丛生,高60~120 cm,无毛。下部茎生叶为二回三出复叶,上部茎生叶多为三出复叶。小叶狭卵形、椭圆形或披针形,常三深裂,绿色,近无毛。花1至数朵生于茎顶,径8~15 cm,紫红、粉红、黄、淡绿或白色,单瓣、重瓣均有。菁葵果长2.5~3 cm,径1.2~1.5 cm。花期4—5月,果期8—9月。

【分布习性】我国东北、华北、西北、西南等地有分布,栽培品种甚多。喜光照,耐旱、耐寒、耐半阴,怕积水,适生于排水良好的土壤,忌盐碱地。

【繁殖栽培】芍药的繁殖以分株法最为简便易行,多于秋季植株休眠时节进行。播种法适于生产砧木、繁育新品种等。

【园林应用】适应能力强,耐粗放管理,适宜布置花坛、花境或与山石相配,也可作盆栽观赏。

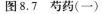
图 8.7　芍药(一)

图 8.8　芍药(二)

8.3　鸢尾科

***鸢尾** Iris tectorum* Maxim. *,鸢尾科鸢尾属*

【别名】扁竹叶、屋顶鸢尾、蓝蝴蝶。

【识别特征】植株矮小,株高30~40 cm。根状茎粗短,径约1 cm,淡黄色,须根较细而短。叶基生、剑形、纸质,淡绿色,稍弯曲,长15~50 cm,宽1.5~3.5 cm。花茎光滑,稍高于叶丛,单一或有二分枝,每枝着花1~2朵。花蓝紫等色,径约8 cm。蒴果长椭圆形或倒卵形。花期4—5月,果期6—8月。

【分布习性】国内各地广泛分布。喜阳光充足的环境,部分品种耐半阴。对土壤要求依种类而异,有喜湿润而排水良好、富含腐殖质、略带碱性的黏性土壤者,也有适生于沼泽或浅水中者。

【繁殖栽培】鸢尾以分株繁殖为主,四季皆可进行,以春秋为好。也可春季播种繁殖。

【园林应用】鸢尾叶碧绿青翠,花形大而奇,是优美的盆花、切花和花坛用花,也可用作地被。

图8.9　鸢尾(花)

图8.10　鸢尾

8.4　豆　科

白车轴草 *Trifolium repens* Linn.,豆科车轴草属

图8.11　白车轴草(一)

图8.12　白车轴草(二)

【别名】白三叶、白花三叶草、车轴草。

【识别特征】多年生草本植物,株高10~30 cm。茎匍匐蔓生,上部稍上升,节上生根,全株无毛。

主根短,侧根和须根发达。掌状三出复叶,小叶倒卵形至近圆形,长宽均为 1~2 cm,柄长 1.5 mm,微被柔毛。托叶卵状披针形,膜质,基部抱茎成鞘状。花序顶生,总花梗较长,小花密集,白、乳黄、淡红色等,略带香气。荚果长圆形,种子通常 3 粒、阔卵形。

【分布习性】原产于欧洲和北非,我国南北各地均有栽培。适应能力强,喜阳光充足、空旷之地,较耐旱、不耐阴,对土壤要求不高,喜弱酸性土壤,不耐盐碱,忌长期积水。

【繁殖栽培】白车轴草多以播种繁殖为主,春、秋均可进行。

【园林应用】白车轴草适应能力强,生长旺盛,耐粗放管理,适宜建植草坪、堤坝湖岸绿化以及用作绿肥等。

8.5   酢浆草科

酢浆草

紫叶酢浆草

1)紫叶酢浆草 *Oxalis triangularis* Linn. ,酢浆草科酢浆草属

【别名】红叶酢浆草、三角酢浆草。

【识别特征】多年生草本植物,根稍肥厚,有分枝,下部稍有须根,根顶端着生地下茎。叶自茎顶生出,掌状三出复叶,簇生,生于叶柄顶端,小叶叶柄极短,呈等腰三角形。叶正面玫红,叶背深红色,且有光泽,白天多展开,强光及傍晚时下垂,三小叶紧紧相靠,似翩翩起舞的飞蝶。伞形花序,花瓣 5 枚,浅粉色,5~8 朵簇生花梗顶端。蒴果近圆柱状,有短柔毛,熟开裂并弹出种子。花果期 3—9 月。

【分布习性】原产于南美洲,我国有引种栽培。喜向阳、温暖、湿润的环境,耐干旱,略耐阴,较耐寒。对土壤适应能力强,喜腐殖质丰富的砂质土壤。

【繁殖栽培】紫叶酢浆草可分株、播种繁殖。分株繁殖全年均可进行,以春季 4—5 月最好。播种繁殖适宜春季进行,发芽适温 15~18 ℃,两周左右即可发芽。

【园林应用】适应能力强,耐粗放管理,可配置于草地、斜坡、岸边、路旁、林缘等。

图 8.13   紫叶酢浆草(一)

图 8.14   紫叶酢浆草(二)

2)红花酢浆草 *Oxalis corymbosa* DC. ,酢浆草科酢浆草属

【别名】大酸味草、大叶酢浆草。

【识别特征】多年生直立草本植物。无地上茎,有根茎。叶基生,柄长 5~30 cm 或更长,被毛。

掌状复叶,小叶3,扁圆状倒心形,顶端凹入,正面绿色,背面浅绿,两面或有时仅边缘有干后呈棕黑色的小腺体,背面尤甚并被疏毛。伞形花序,总花梗基生,长10~15 cm,花紫红色。花果期3—12月。

【分布习性】原产于南美洲,现我国南北各地均有分布。喜向阳、温暖、湿润的环境,不耐寒,忌霜冻。适生长于腐殖质丰富的砂质土壤。

【繁殖栽培】红花酢浆草多以分株法进行繁殖,以春秋时节为好,极易成活。也可春季切茎繁殖,即将球茎切成数块,每块带2~3芽,另行栽植即可。

【园林应用】植株低矮整齐,花多叶繁,花期长、花色艳,生长迅速,可用于花坛、花境镶边,也可片植作地被植物,或盆栽布置室内。

图8.15　红花酢浆草(一)

图8.16　红花酢浆草(二)

8.6　锦葵科

蜀葵 *Althaea rosea* Linn. ,锦葵科蜀葵属

【别名】一丈红、熟季花、端午锦。

【识别特征】多年生直立草本植物,株高可达3 m,全株密被刺毛。叶大,互生,叶面粗糙而皱,近圆心形,5~7浅裂或波状棱角,叶柄长5~15 cm。花大,单生叶腋聚成顶生总状花序。花径6~10 cm,有红、紫、白、粉红、黄和黑紫等色,单瓣或重瓣。花期5—8月。

【分布习性】原产于我国西南地区,现世界各地广泛栽培,园艺品种甚多。喜阳光充足的环境,耐半阴,忌水涝。较耐寒,适生长于疏松、肥沃,排水良好、富含有机质的砂质土壤。

【繁殖栽培】蜀葵以播种繁殖为主,也可分株、扦插繁殖。播种、分株繁殖多春季进行,扦插法仅用于繁殖优良品种,生产中较少使用。

【园林应用】花色丰富,花大美丽,可种植于建筑物旁、与假山假石相配,或配植于花坛、花境,丛植草坪、林缘等处,矮生品种可盆栽观赏。

图8.17　蜀葵(一)

图8.18　蜀葵(二)

8.7　牻牛儿苗科

马蹄纹天竺葵 *Pelargonium zonale* Aif.　牛儿苗科天竺葵属

图8.19　马蹄纹天竺葵(一)

图8.20　马蹄纹天竺葵(二)

【别名】洋绣球、洋葵、洋蝴蝶。

【识别特征】多年生草本植物,株高30~60 cm,全株有鱼腥味。茎直立,基部木质化,上部肉质,具明显的节,全株密被短柔毛。叶互生,圆形至肾形,基部心脏形,径3~7 cm,叶缘具波状浅裂,叶表或有明显暗红色马蹄形环纹。伞形花序顶生,总花梗长于叶。花有红、橙红、粉红或白等色。花期5—7月,果期6—9月。

【分布习性】原产于非洲南部,我国各地普遍栽培。性喜阳光充足、温暖、湿润气候及肥沃、疏松土壤,较耐旱,怕积水。生性强健,适应能力强。

【繁殖栽培】播种、扦插繁殖。播种繁殖春、秋季均可进行,以春季室内盆播为好,发芽适温20~

25 ℃。扦插繁殖以春、秋季为好,夏季高温插条易腐烂。

【园林应用】花色丰富艳丽、花期长,耐粗放管理,可丛植于道旁、林缘等处,也可作盆栽布置花坛、室内摆放等。

8.8 唇形科

1)**墨西哥鼠尾草** *Salvia leucantha* Linn.,唇形科鼠尾草属

【别名】紫绒鼠尾草。

【识别特征】多年生草本植物,茎直立,株高 80 ~ 160 cm,全株被柔毛。茎四棱,叶对生有柄,披针形,叶缘有细钝锯齿,略有香气,长 8 ~ 10 cm,宽 1.5 ~ 2 cm。花序总状,长 20 ~ 40 cm,全体被蓝紫色茸毛。小花 2 ~ 6 朵轮生,花冠唇形,蓝紫色,花萼钟状并与花瓣同色。花期 8—10 月,果实冬季成熟。

【分布习性】原产于中南美洲,我国有引种。喜温暖、湿润气候,阳光充足的环境,不耐寒,生长适温 18 ~ 26 ℃。适生于疏松、肥沃的砂质土壤。

【繁殖栽培】播种繁殖以春播为主,发芽适温 20 ~ 25 ℃。也可扦插繁殖。

【园林应用】适应能力强,耐粗放管理,花期迟,适宜公园、庭院配植,也可丛植、片植于林缘、坡地、草坪角隅、河湖岸边等处。

图 8.21　墨西哥鼠尾草(一)　　　　图 8.22　墨西哥鼠尾草(二)

2)**蓝花鼠尾草** *Salvia farinacea* Benth.,唇形科鼠尾草属

【别名】蓝丝线、粉萼鼠尾草。

【识别特征】多年生草本,株高 30 ~ 60 cm。植株丛生状,茎直立,下部略木质化。茎钝四棱形,具沟,疏被柔毛。叶对生,长椭圆形,长 3 ~ 5 cm,浅绿色,叶表略粗糙不平。穗状花序,长约 12 cm,花小,蓝色,花期 6—9 月。

【分布习性】原产于美洲,现我国有引种栽培。喜温暖、湿润和阳光充足的环境,耐寒性强,怕炎热、干燥,适宜疏松、肥沃且排水良好的土壤中生长。

【繁殖栽培】同墨西哥鼠尾草。

【园林应用】生长强健,管理简单,可以布置花坛、花境,点缀岩石、林缘隙地,也可作盆栽布置于

庭院、室内等。

图 8.23　蓝花鼠尾草（一）

图 8.24　蓝花鼠尾草（二）

8.9　百合科

玉簪

1) **玉簪** *Hosta plantaginea*（Lam.）Aschers. , **百合科玉簪属**

【**别名**】玉春棒、白鹤花、玉泡花。

【**识别特征**】多年生草本植物，根状茎粗 1.5 ~ 3 cm。叶基生成丛，卵状心形至卵形，有长柄。顶生总状花序，花葶高 40 ~ 80 cm，数朵至数十朵。花被筒长，下部细小，形似簪，白色，芳香。蒴果圆柱状，有三棱，径约 1 cm。花果期 6—9 月。

【**分布习性**】原产于我国，现在各地广泛栽培。性喜阴湿环境，不耐强烈日光照射，喜阴，较耐寒，要求土层深厚、排水良好且肥沃的砂质土壤。

【**繁殖栽培**】分株、播种繁殖。玉簪的分株繁殖，宜春季发芽前或秋季叶片枯黄后，掘出地下茎分块栽植，翌年可花。播种繁殖宜秋季种子成熟后采集晾干，贮藏至翌春播种。

【**园林应用**】耐阴能力强，花香浓郁，适宜作地被，或配植于岩石园、林缘等处，也可作盆栽布置室内及廊下。

图 8.25　玉簪

图 8.26　紫萼玉簪

2）**大花萱草** *Hemerocallis hybridus* Hort.，**百合科萱草属**

【别名】大苞萱草。

【识别特征】根茎短，肉质根呈纺锤状，其上着生须根。叶翠绿狭长，基生呈带状排成两列。叶长 30～45 cm，宽 2～2.5 cm，低于花葶。花 2～4 朵，花长 8～10 cm，黄色，有香气，花梗极短。蒴果椭圆形，稍有三钝棱，长约 2 cm。花果期 6—10 月。

【分布习性】原产于日本及西伯利亚，我国华中、华东及西南等地有栽培。适应能力强，性强健，喜阳光充足的环境，也耐半阴。对土壤要求不严，但以腐殖质含量高、排水良好的湿润土壤为好。

【繁殖栽培】分株繁殖是大花萱草最常用的繁殖方法，多在春季萌芽前或秋季落叶后进行。大花萱草种子发芽率低，较少采用播种繁殖。

【园林应用】花色鲜艳，栽培管理简单，适宜布置花坛、花境、道旁、疏林草坡等，也可作地被。

图 8.27　大花萱草（一）

图 8.28　大花萱草（二）

3）**麦冬** *Ophiopogon japonicus*（L. f.）Ker-Gawl.，**百合科沿阶草属**

【别名】麦门冬、沿阶草、书带草。

麦冬

图 8.29　麦冬（一）

图 8.30　麦冬（二）

【识别特征】多年生草本，根茎短，丛生状，株高 10～30 cm。叶基生，细长、线形，形如韭菜，深绿色。总状花序，花茎自叶丛中生出，花小、柄极短、淡紫色。浆果圆球形，成熟后深绿色或蓝黑色。花期 7—8 月，果熟期 11 月。

【分布习性】产于我国华中、西南等地，现国内大部分地区有分布。喜温暖、湿润气候，较耐阴，能耐寒,适生长于土质疏松、肥沃、排水良好的土壤。

【繁殖栽培】麦冬分株繁殖简便易行、成活率高,常于春季分栽即可。

【园林应用】麦冬叶丛茂密,叶色深绿,适应能力强,是优良地被植物之一,也可作花坛、花境镶边或盆栽观赏。

4)**玉龙草** *Ophiopogon japonicus* cv. Nanus,**百合科沿阶草属**

【别名】地龙、短叶书带草、短叶沿阶草。

【识别特征】多年生草本,植株矮小,几无茎,株高约10 cm,簇生成半球团状,根系发达。单叶、丛生,狭线形,长5~15 cm,墨绿色,表面光滑,背面略带白粉。总状花序,花茎直立,淡紫色至白色。蒴果,径约0.5 cm,果实深蓝色。

【分布习性】原产于东南亚,我国长江流域及以南地区多有引种。喜温暖、湿润环境。喜光,也耐阴、耐热、耐寒。对土壤要求不严,在排水良好的砂质土壤中生长较好。

【繁殖栽培】同麦冬。

【园林应用】生长迅速,根系发达,适应能力强,是极佳的庭院地被植材,也可配植于花坛、点缀假山假石,或作固岸护坡植物等。

图8.31 玉龙草(一)

图8.32 玉龙草(二)

吉祥草

5)**吉祥草** *Reineckia carnea*(Andr.)Kunth,**百合科吉祥草属**

图8.33 吉祥草(一)

图8.34 吉祥草(二)

【识别特征】多年生常绿草本,株高 10 ~ 20 cm,地上匍匐根状茎节处生根与叶,叶 3 ~ 8 枚簇生于根状茎顶端,呈带状披针形,端渐尖,长 10 ~ 20 cm。花葶抽生于叶丛,穗状花序长约 6 cm,花内白色外紫红色,稍有芳香。浆果球形,鲜红色。夏秋开花,秋冬果熟。

【分布习性】原产于我国南方各地,现栽培广泛。性喜温暖、湿润环境,耐阴、较耐寒。对土壤的要求不严,适应性强,以排水良好、疏松、肥沃的土壤为宜。

【繁殖栽培】吉祥草主要以分株方式进行繁殖,一般于早春萌芽前进行。

【园林应用】株形优美,叶色翠绿,适应能力强,是南方优秀地被植物之一,也可作盆栽置于室内观赏。

6)蜘蛛抱蛋 *Aspidistra elatior* Blume,百合科蜘蛛抱蛋属

【别名】一叶兰、箬叶。

【识别特征】多年生常绿草本植物,株高约 70 cm。根状茎近圆柱形、粗壮,匍匐生长。叶基生,矩圆状披针形,长 15 ~ 40 cm,宽 5 ~ 10 cm,基部渐狭成沟状长 12 ~ 18 cm 的叶柄。两面绿色,有时稍具黄白色斑点或条纹。花单生于短梗上,紧附地面,径约 2.5 cm,乳黄至褐紫色。花期春季。

【分布习性】原产于我国,华南、东南、西南地区有野生。性喜温暖、湿润的半阴环境。耐贫瘠、较耐寒,不耐盐碱,怕烈日暴晒。适宜生长在疏松、肥沃和排水良好的土壤。

【繁殖栽培】蜘蛛抱蛋主要采用分株法进行繁殖,多在早春结合翻盆换土进行,用利刀切割地下茎,每丛带 3 ~ 5 枚叶,另行栽植即可。

【园林应用】叶形挺拔整齐,叶色浓绿光亮,姿态优美、淡雅,适应性强,适宜植于林荫、建筑物阴面作地被,也可作盆栽观叶。

图 8.35　蜘蛛抱蛋

图 8.36　洒金蜘蛛抱蛋

7)吊兰 *Chlorophytum comosum*(Thunb.)Baker.,百合科吊兰属

吊兰

【别名】宽叶吊兰、钓兰。

【识别特征】多年生常绿草本植物,根壮茎短,稍肥厚。叶基生,条形至条状披针形,狭长,长 10 ~ 30 cm,宽 1 ~ 2 cm,向两端稍变狭,柔韧似兰,成熟植株常自叶丛中抽生走茎,长 30 ~ 60 cm。花白色,常 2 ~ 4 朵簇生,排成疏散的总状花序或圆锥花序。蒴果三棱状扁球形,长约

5 mm,宽约 8 mm。花期 5 月,果期 8 月。

【分布习性】原产于非洲南部,现世界各地广泛栽培。性喜温暖、湿润、半阴环境。适应性强,较耐旱,不甚耐寒。适生长于排水良好、疏松、肥沃的砂质土壤。常见栽培变种有金边吊兰(var. *marginatum* Hort.)、银心吊兰(var. *mediopictum* Hort.)等。

【繁殖栽培】分株、播种繁殖。吊兰扦插生长期均可进行,剪取走茎上有根、叶的节另行栽植即可,也可将丛生的吊兰分为数丛栽植。播种繁殖多于春季进行,适温 15 ~ 20 ℃,约两周即可萌芽。

【园林应用】枝叶细长下垂,叶形似兰,可作地被,点缀崖壁,或盆栽摆放室内观赏,也可悬挂廊架等处。

图 8.37　银心吊兰

图 8.38　金边吊兰

8)**虎尾兰** *Sansevieria trifasciata* Prain,**百合科虎尾兰属**

图 8.39　虎尾兰(一)

图 8.40　虎尾兰(二)

【别名】虎皮兰、千岁兰。

【识别特征】多年生常绿草本植物,具横走根状茎。叶簇生,直立,硬革质,扁平长条状披针形,长 30 ~ 70 cm,宽 3 ~ 5 cm,两面具浅绿色和深绿色相间的横带状条纹。花葶高 30 ~ 80 cm,短于叶,小花 3 ~ 8 一束,花淡绿色或白色。花期夏季。

【分布习性】原产于非洲西部,我国各地有栽培。适应性强,喜温暖、湿润、阳光充足的环境,耐干旱、耐半阴,不耐寒。对土壤要求不严,但以排水良好的砂质土壤较好。

【繁殖栽培】虎尾兰可分株、扦插繁殖。分株繁殖是将生长过密的株丛切割成数丛,每丛带叶、有根状茎和吸芽,分别栽植即可。全年均可进行,但以春、夏时节为宜。扦插繁殖多夏季进行,剪取健壮而充实的叶片作插穗、每穗长 5~6 cm,适温 15~20 ℃,4 周左右即可生根。

【园林应用】叶坚挺直立,四季青翠,株形和叶色多变,对环境适应能力强,尤其适宜盆栽,装饰书房、客厅、办公场所等。

9)天门冬 *Asparagus cochinchinensis*(Lour.)Merr.,百合科天门冬属

天门冬

【别名】天冬草。

【识别特征】茎丛生下垂,分枝多,茎上有钩刺。叶状枝扁平,稍镰刀状、长 0.5~8 cm,宽 1~2 mm,通常每 3 枚成簇。花小,多两朵腋生,淡绿色。浆果直径 6~7 mm,熟时呈红色。花期5—6月,果期8—10月。

【分布习性】原产于非洲南部,现我国南北各地均有分布。性喜阳光充足、温暖、湿润环境,不耐严寒,耐阴、怕强光,适宜于土层深厚、疏松、肥沃且排水良好的砂质土壤。

　　常见栽培尚有矮天门冬(var. *compactus* Hort.)、斑叶天门冬(var. *variegates* Hort.),均为天门冬之变种。

【繁殖栽培】天门冬多行分株繁殖,选取根头肥大、粗壮的健壮母株切为数丛,尽量减小切口,摊晾一段时间后即可种植。也可播种繁殖,于秋季采收成熟果实,秋播或贮藏至次春播。

【园林应用】枝繁叶茂,植株矮小,青翠可爱,尤其适宜盆栽布置会场、花坛、花境,也可切叶作插花素材。

图 8.41　天门冬(一)

图 8.42　天门冬(二)

8.10　车前科

毛地黄 *Digitalis purpurea* Linn.,车前科毛地黄属

【别名】洋地黄、自由钟、指顶花、金钟。

【识别特征】二年生或多年生草本植物,株高 90~120 cm,除花冠外,全体被灰白色短柔毛和腺毛。茎单生或数条成丛,基生叶多数成莲座状,叶柄具狭翅,长可达 15 cm,叶卵形或长椭圆形,先端尖或钝,基部渐狭,边缘具齿。总状花序顶生,长可达 90 cm,花冠大、钟状,长 5~7 cm,下

垂,紫红色,内面具斑点。蒴果卵形,长约 1.5 cm。花期 5—6 月。

【分布习性】原产于欧洲,我国各地有零星栽培。植株强健,较耐寒、较耐旱,喜阳也耐半阴。对土壤要求不严,适生长于湿润而排水良好的砂质土壤。

【繁殖栽培】毛地黄多以播种方式进行繁殖,春播或秋播均可。

【园林应用】植株挺拔,花形优美,色泽鲜艳,适宜布置花坛、花境、岩石园等,也可作盆栽观赏。

图 8.43　毛地黄(一)　　　　　图 8.44　毛地黄(二)

8.11　禾本科

1)芒 *Miscanthus sinensis* Anderss.,禾本科芒属

图 8.45　斑叶芒　　　　　图 8.46　花叶芒

【别名】芭茅。

【识别特征】多年生草本植物,植株成疏丛状,株高 1~2 m。秆丛生,直立,绿色、圆筒形,根系发达。叶鲜绿色,扁平或内卷,长 70~85 cm,宽约 2 cm,边缘有细锯齿,中肋白色而突出。顶生

圆锥花序,长 20 ~ 30 cm,分枝每节各具披针形小穗。花期晚夏至初秋。

【分布习性】原产于我国中南、东南等地,现国内广泛分布。喜温暖、湿润环境,耐干旱,也能适应多种土壤类型,适应能力和再生能力均强。常见栽培且观赏价值较高的有花叶芒(var. *variegates* Bael.)等。

【繁殖栽培】分株、播种繁殖。芒的分株繁殖繁殖宜秋季进行,将根茎植于湿润土壤中,极易成活。自播繁衍能力强。

【园林应用】适应能力强,耐粗放管理,除用作青饲料及造纸原料栽培外,也可丛植于公园、水滨等处观赏。

2)狼尾草 *Pennisetum alopecuroides*(Linn.) Spreng,禾本科狼尾草属

图 8.47　狼尾草

【别名】狗尾巴草。

【识别特征】多年生草本植物,秆直立、丛生,株高 30 ~ 120 cm。叶条线形,亮绿色,长 10 ~ 80 cm,宽 3 ~ 8 mm,先端长渐尖。圆锥花序直立,长 5 ~ 25 cm,宽 1.5 ~ 3.5 cm,主轴密生柔毛。雄花紫红色,多位于花序下端,颖果。花果期 7—10 月。

【分布习性】我国南北方均有分布,多野生于田岸、荒地、道旁等处。喜阳光充足、土壤较为干燥之环境,极耐寒冷、耐旱、耐贫瘠土壤。栽培管理简单。如生于沼泽等湿润之地,则茎、叶、穗粒略呈紫色。

【繁殖栽培】狼尾草播种、分株繁殖均极易成活。播种繁殖可于早春直播。分株繁殖可早春掘出分割另行栽植即可。

【园林应用】适应能力强,耐粗放管理,适宜作岩石园、野生园栽培,也可配置花境、作地被以固土护岸等。

8.12　旋花科

马蹄金

马蹄金 *Dichondra micrantha* Urban.,旋花科马蹄金属

【别名】小金钱草。

【识别特征】多年生草本植物,茎细长、匍匐地面,被灰色短柔毛,节上生根。叶互生,肾形至圆形,直径 4 ~ 25 mm,全缘。花小、黄色,花冠钟状,单生叶腋。蒴果近球形,径约 1.5 mm。

【分布习性】产于我国华南、华东、华中等地,现我国南方广泛分布。性喜温暖、湿润气候,适应性强,生命力旺盛,喜光也耐阴,有一定的耐践踏能力。对土壤要求不严,只要排水良好,壤土、黏土均可种植。抗病、抗污染能力强。

【繁殖栽培】播种、分株繁殖。马蹄金的播种繁殖以春季 4—5 月、秋季 9—10 月为宜。也可春季分株繁殖。

【园林应用】植株低矮,叶色翠绿,耐粗放管理,是优良的草坪及地被植物,可用于公园、机关、庭院绿地等栽培观赏,或作沟坡、堤坡、路边固土植材。

图 8.48　马蹄金(一)

图 8.49　马蹄金(二)

8.13　鹤望兰科

1) 旅人蕉 *Ravenala madagascariensis* Adans., 鹤望兰科旅人蕉属

【别名】扇芭蕉、旅人树、孔雀树。

【识别特征】树干似棕榈,株高 5 ~ 6 m,原产地高可达 20 m。叶两行排列于茎顶,像一把大折扇,叶片长圆形,似蕉叶,长达数米,宽达 65 cm。花序腋生,花序轴每边有佛焰苞 5 ~ 6 枚。蒴果开裂为 3 瓣,种子肾形。

【分布习性】旅人蕉原产于非洲,现各热带地区有栽培。喜光、喜高温多湿气候,不耐阴、不耐寒。要求疏松、肥沃、排水良好的土壤,忌低洼积涝。

【繁殖栽培】旅人蕉多以分株方式进行繁殖,于早春将母株旁生的子株自基部切开,每丛带数芽,直接栽植即可。

【园林应用】叶硕大奇异,姿态优美,极富热带风光,适宜在公园、风景区栽植观赏。

图 8.50　旅人蕉

2) 鹤望兰 *Strelitzia reginae* Aiton, 鹤望兰科鹤望兰属

【别名】天堂鸟,极乐鸟花。

【识别特征】多年生草本植物,株高 1 ~ 2 m。茎不明显,叶基生,两侧对生,硬革质,长圆状披针形,长 25 ~ 45 cm,宽约 10 cm,顶端急尖,基部圆形或楔形,下部边缘波状。总花梗自叶腋内抽出,与叶近等或略短,总苞片佛焰状,长 15 ~ 20 cm,绿色,边缘有紫红晕,每花梗有小花 6 ~ 8 朵,依次开放,排列成蝎尾状。花大,两性。花期长,春夏或夏秋季节均可开花。

【分布习性】原产于非洲南部,我国南方有露地栽培,北方多温室栽培。性喜温暖、湿润气候和阳光充足的环境,不耐寒、怕霜雪,忌强光暴晒,适生长于疏松、肥沃的黏质土壤。

【繁殖栽培】鹤望兰较难产生种子,故常分株繁殖,于早春结合换盆进行。切割伤口可涂抹草木灰加以保护。

【园林应用】叶大姿美,花形奇特,尤其适宜盆栽布置会场、厅堂,也可露地丛植于庭院、公园等处,或用作切花。

图 8.51　鹤望兰(一)

图 8.52　鹤望兰(二)

8.14　秋海棠科

四季海棠 Begonia semperflorens Link et Otto,*秋海棠科秋海棠属*

图 8.53　四季海棠(一)

图 8.54　四季海棠(二)

【别名】四季秋海棠、瓜子海棠、常花海棠。

【识别特征】多年生肉质草本植物,株高 15~30 cm;根纤维状,茎肉质、光滑无毛,基部多分枝。叶卵形或宽卵形,长 5~8 cm,基部略偏斜,边缘有锯齿和睫毛,两面光亮,有绿、紫红或绿带紫晕等变化。花色深红、淡红或白色等,呈聚伞花序。蒴果黄绿色,有带红色的翅。品种甚多,花期全年,尤以秋末至冬春为盛。

【分布习性】原产于巴西等地,现我国南北各地均有栽植。四季海棠性喜温暖、湿润气候,稍耐阴,不耐暴晒,不耐寒,忌水涝。

【繁殖栽培】播种、扦插、分株繁殖。四季海棠的播种繁殖以春季 4—5 月、秋季 8—9 月最适宜,

10 d 后就能发芽。扦插繁殖则四季均可进行,但成苗后分枝较少,除重瓣品种外,较少采用此法繁殖。

【园林应用】株姿秀美,花朵玲珑娇艳,最适用于小型盆栽观赏,置放在阳台檐下、庭廊、茶几、台桌、餐厅等处摆设点缀,也可用作布置花坛、花境以及草地镶边栽植等。

8.15 天南星科

1)花烛 *Anthurium andraeanum* Linden.,天南星科花烛属

【别名】红掌、安祖花、火鹤花、红鹤芋、哥伦比亚花烛。

【识别特征】多年生常绿草本植物,株高 30~80 cm,因品种而异。肉质根,无茎,叶自根茎抽出,具长柄,单生、长椭圆状心脏形、鲜绿色,长 30~40 cm,宽 10~15 cm。花腋生,花梗长可达 50 cm,超出叶上,佛焰苞阔心脏形,鲜红、橙红、白色等。肉穗花序圆柱状、直立,长约 6 cm,黄色等。

【分布习性】原产于南美洲热带雨林地区,现世界各地多有栽培,我国常作温室花卉栽培。性喜温暖、湿润、半阴环境,忌阳光直射,怕积水。

【繁殖栽培】红掌可分株、扦插、播种或组培繁殖。分株结合春季换盆进行,将有气生根的侧枝切下重新栽植即可。扦插繁殖多是剪取老枝作插穗,每穗 1~2 节,数周后可即可萌芽生根。人工授粉获取的种子成熟后,随采随播即可。

【园林应用】株形奇特,花色丰富,广泛用作温室花卉生产,可作盆栽观赏或切花生产。

图 8.55 花烛(一)

图 8.56 花烛(二)

2)广东万年青 *Aglaonema modestum* Schott ex Engl.,天南星科广东万年青属

【别名】粗肋草、亮丝草。

【识别特征】多年生常绿草本植物,株高 50~120 cm,茎直立,叶卵形至卵状披针形,暗绿色,长 10~25 cm,宽 8~10 cm,叶柄长,基部具阔鞘。花小,绿色,肉穗花序长 3~5 cm,佛焰苞长圆状披针形。浆果长圆形,长 2 cm,径约 8 mm,熟时黄至红色。花期 5 月,果期 10—11 月。

【分布习性】原产于我国华南,现各地常见栽培,盆栽置室内较多。喜温暖、湿润的环境,耐阴,忌阳光直射,不耐寒。适生长于疏松、肥沃、排水良好的微酸性土壤。

【繁殖栽培】扦插、分株繁殖。扦插易于成活,生根适温 20 ~ 25 ℃。分株繁殖一般在早春结合换盆进行,播种繁殖宜于春季进行,保持湿润,适温 20 ~ 25 ℃,3 ~ 4 周可发芽。

【园林应用】四季常青,枝叶清秀,我国南方可作地被、护坡植物,其余各地多作盆栽或水培,以布置厅堂、书房等,也可剪叶作插花材料。

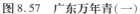

图 8.57　广东万年青(一)

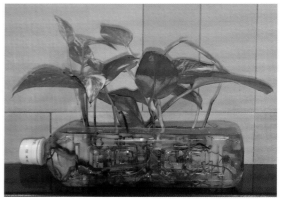

图 8.58　广东万年青(二)

春羽

3)春羽 *Philodenron selloum* K. Koch,天南星科喜林芋属

图 8.59　春羽(一)

图 8.60　春羽(二)

【别名】羽裂喜林芋。

【识别特征】多年生常绿草本植物,株高可达 1.5 m。茎极短,直立性,呈木质化,茎上叶痕明显,生有气生根。叶簇生,着生于茎端。叶片大,阔心脏形,长可达 60 cm、宽可达 40 cm,羽状深裂似手掌状,革质,浓绿而有光泽。

【分布习性】原产于南美洲,我国华南、东南、西南等亚热带地区有栽培。喜高温、多湿环境,对光线的要求不严格,不耐寒,耐阴。喜肥沃、疏松、排水良好的微酸性土壤,冬季温度不宜低于 5 ℃。

【繁殖栽培】分株、扦插繁殖。生长健壮的春羽植株,基部可生萌蘖,待其生根后即可取下另行栽植,此即分株繁殖。扦插即剪取植株上部茎蔓作插穗扦插即可。

【园林应用】叶形奇特,四季常绿,株形优美,可丛植于林缘、池畔、路沿或片植多地被,也可作盆栽布置室内、陈设厅堂等。

龟背竹

4) **龟背竹** *Monstera deliciosa* Liebm. , **天南星科龟背竹属**

【别名】蓬莱蕉、穿孔喜林芋、电线莲。

【识别特征】常绿攀援观叶草本,茎粗壮、绿色。茎有节似竹干,其上着生褐色的气生根,形如电线。叶宽大,长可达 40～60 cm,厚革质,正面深绿色,背面灰绿色。幼叶心形无孔,长大后成广卵形,羽状深裂,叶脉间有椭圆形的穿孔。叶具长柄,深绿色。佛焰苞厚革质,宽卵形,舟状,肉穗花序近圆柱形,长可达 20 cm,淡黄色。花期 8—9 月,果翌年成熟。

【分布习性】原产于墨西哥。喜温暖、潮湿环境,耐阴能力强,忌强光暴晒和干燥环境。适生长于疏松、肥沃、保水性能好的微酸性砂质土壤。有较强的净化空气能力。

【繁殖栽培】同春羽。

【园林应用】叶形奇特,株形优美,可散植于林缘、池畔、溪沟和石隙中,也可作盆栽布置室内,或切叶作插花素材。

图 8.61　龟背竹(一)

图 8.62　龟背竹(二)

5) **海芋** *Alocasia macrorrhiza* Schott , **天南星科海芋属**

【别名】姑婆芋、山芋、滴水观音。

【识别特征】常绿草本植物,具匍匐肉质根茎。地上茎粗壮。叶大,近革质,草绿色,箭状卵形,边缘波状,长 50～90 cm,宽 40～90 cm。叶柄长 30～90 cm,有较宽的叶鞘。肉穗花序芳香,白色、淡黄色等。浆果红色,卵状,长约 1 cm。四季开花。

【分布习性】原产于我国华南、东南、西南等地,现热带、亚热带地区常见栽培。喜高温、潮湿环境,耐阴,怕强光照射,不宜强风吹拂。

【繁殖栽培】分株、播种繁殖等。海芋分株繁殖多于夏、秋时节,将块茎萌生带叶的小芋分栽即可。播种繁殖宜秋后果熟时,采收橘红色的种子随采随播,或晾干贮藏至翌春播种。

【园林应用】株形挺拔、叶色翠绿,可配植于池畔、林缘、道旁等处,也可作盆栽布置厅堂、居室等。

图 8.63　海芋(一)

图 8.64　海芋(二)

8.16　石蒜科

君子兰 Clivia miniata Regel Gartenfl. ,石蒜科君子兰属

图 8.65　君子兰(一)

图 8.66　君子兰(二)

【别名】大花君子兰、大叶石蒜。

【识别特征】多年生常绿草本植物,根系粗大、肉质纤维状,为乳白色。叶基部宽大互抱成假鳞茎,叶片呈二列叠出,排列整齐,宽带状形,顶端圆润,质地硬而厚实,有光泽及脉纹,全缘。花葶自叶腋中抽出,数朵至数十朵构成伞形花序。花漏斗形,直立,橙红色。浆果熟时紫红,宽卵形。花期冬、春季节,果实秋季成熟。

【分布习性】原产于非洲,现我国各地多有盆栽。喜温暖、湿润、通风良好而又半阴的环境,忌强光直射,不耐寒。喜深厚、肥沃、疏松的微酸性砂质土壤。

【繁殖栽培】播种、分株繁殖。君子兰的播种繁殖可于播前将种子温汤浸种催芽,保持温度20 ~ 25 ℃、湿度90%左右,1 ~ 2 周即可萌发生根。分株繁殖不可强掰,以免损伤幼株。切口可用木炭粉、草木灰涂抹保护,防止腐烂。

【园林应用】君子兰株形端庄,叶苍翠挺拔,花大色艳,我国南方可用于布置花坛、花境,长江流域及以北地区多盆栽观花、观叶。

8.17　仙茅科

大叶仙茅 Curculigo capitulata（Lour.）O. Kuntze,仙茅科仙茅属

【别名】野棕、般仔草。

【识别特征】多年生草本植物,株高可达1 m,具块状根茎。叶基生,4～6枚,长圆状披针形至披针形,先端长尖,长30～90 cm,宽5～15 cm,纸质,全缘,具折扇状脉。叶柄长30～80 cm,上面有槽,中空。花梗腋生,短于叶柄,被褐色柔毛。花黄色,聚生成直径2.5～5 cm的头状花序。浆果近球形,白色,径约5 mm。花期5—6月,果期8—9月。

【分布习性】原产于我国南部,华南、华东、华中、东南、西南各地有分布。性喜温暖、阴湿环境,较耐寒,也耐旱。适生长于疏松、富含殖质的砂质土壤。常见栽培尚有宽叶仙茅（*C. latifolia* Dry.）、斑叶仙茅（var. *foliis variegates* Hort.）等。

【繁殖栽培】大叶仙茅多以分株繁殖为主,于春季挖取根茎、切段,切口可涂草木灰,随后栽植即可。

【园林应用】树林下、道路旁、石隙作耐阴湿观叶地被,药用植物专类园。

图8.67　大叶仙茅(一)　　　　图8.68　大叶仙茅(二)

8.18　肾蕨科

肾蕨

肾蕨 Nephrolepis cordifolia（Linn.）C. Presl.,肾蕨科肾蕨属

【别名】蜈蚣草、圆羊齿、篦子草。

【识别特征】多年生草本植物,根茎直立,被蓬松的淡棕色鳞片。粗铁丝状的匍匐茎棕褐色,易生块茎。叶丛生,一回羽状复叶,长可达60 cm,宽5～7 cm,斜上升,浅绿色。小羽片长3 cm,缘

有疏浅钝锯齿。

【分布习性】广布世界热带及亚热带地区，我国南方各地有分布。喜温暖、潮湿环境，较耐旱。忌强光直射，喜半阴，不耐寒、耐瘠薄。对土壤要求不严，以疏松、肥沃、透气、富含腐殖质的中性或微酸性土壤生长最为良好。

【繁殖栽培】肾蕨以分株繁殖最为常用，多春季进行，带根、茎、叶分栽即可。播种繁殖，可剪取有成熟孢子的叶片，取孢子均匀喷布于基质上，保持湿润，适温 20～25 ℃，约 4 周即可发芽。

【园林应用】株形优美，叶色青翠，四季常青，可作地被，或与山石相配，植于池畔、路缘、墙角等地，也可盆栽摆放于书桌、茶几、窗台，或切叶用作插花素材等。

图 8.69　肾蕨（一）　　　　　　　　　　图 8.70　肾蕨（二）

8.19　铁线蕨科

铁线蕨 *Adiantum capillus-veneris* Linn.，铁线蕨科铁线蕨属

图 8.71　铁线蕨（一）　　　　　　　　图 8.72　铁线蕨（二）

【别名】铁丝草、铁线草。

【识别特征】多年生草本植物，植株矮小纤细，具匍匐根茎，株高 30～50 cm，直立而开展。叶柄

纤细,紫黑色,有光泽。2~3回羽状复叶,薄革质,草绿色。叶形变化大,小叶多扇形,外缘斜圆形,浅裂至深裂。孢子囊群生于叶背外缘。

【分布习性】原产于美洲热带及欧洲温暖地区,我国长江流域及以南多有分布,西北、华北地区也有栽培。喜温暖、湿润及荫蔽环境,忌强光直射,不甚耐寒,适生于疏松、透水、肥沃的石灰质土壤。

【繁殖栽培】同肾蕨。

【园林应用】适应能力强,栽培管理简单,宜作地被,或配置于林缘、池畔、角隅等处,也可适合盆栽置放案头、茶几观赏等。

8.20 鸭跖草科

紫竹梅

1)紫鸭跖草 *Tradescantia pallida*(Rose)D. R. Hunt,鸭跖草科紫露草属

【别名】紫竹梅、紫叶草、紫锦草。

【识别特征】多年生草本植物,株高20~50 cm。茎多分枝,略肉质,紫红色,下部匍匐状,节上常生须根。叶互生,披针形,长6~13 cm,宽6~10 mm,先端渐尖,全缘,基部抱茎而成鞘,正面暗绿色,边缘绿紫色,背面紫红色。花小,密生在二叉状的花序柄上,蓝紫色,蒴果椭圆形。花期夏秋。

【分布习性】原产于南美,我国各地多有引种。喜温暖、湿润气候,不甚耐寒,忌阳光暴晒,喜半阴环境。对干旱有较强的适应能力,适生长于肥沃、湿润的土壤。

【繁殖栽培】紫鸭趾草分株、扦插繁殖均可,极易成活,全年均可进行。

【园林应用】全株紫色,株形秀美,适宜作地被,或丛植于草坪、庭院,也可作盆栽室内摆放。

图 8.73 紫鸭跖草(一)

图 8.74 紫鸭跖草(二)

吊竹梅

2)吊竹梅 *Zebrina pendula* Schnizl. ,鸭跖草科紫露草属

【别名】吊竹兰、斑叶鸭跖草、花叶竹夹菜。

【识别特征】多年生草本植物。茎匍匐多分枝,半肉质,疏生柔毛,节上易生根。叶卵形或长椭圆形,长3~7 cm,宽1.5~3 cm,先端渐尖,具紫及灰白色条纹,叶背紫红色,叶鞘上下两端均有毛。小花白色腋生,花被裂片玫瑰色,蒴果。花期夏季为主。

【分布习性】原产于墨西哥等地,我国有引种。喜温暖、湿润气候,较耐阴,不耐旱、不耐寒,略耐水湿,适生长于肥沃、疏松的腐殖土壤,也较耐瘠薄。

【繁殖栽培】吊竹梅扦插繁殖极易成活,剪取健壮茎数节作插穗,插于湿沙中即可成活,适温15～25 ℃。

【园林应用】茎叶悬垂,叶色光彩夺目,尤其适宜盆栽置于几架任其自然悬垂欣赏,也可作地被或布置花坛、花境等。

图8.75　吊竹梅(一)

图8.76　吊竹梅(二)

8.21　胡椒科

1)豆瓣绿 *Peperomia tetraphylla* (Forst. F.) Hook. et Arn.,胡椒科草胡椒属

【别名】圆叶椒草、翡翠椒草、青叶碧玉、豆瓣如意。

图8.77　豆瓣绿(一)

图8.78　豆瓣绿(二)

【识别特征】多年生簇生草本植物,株高10～30 cm。茎肉质,基部匍匐,多分枝,下部数节常生不定根,节间有粗纵棱。叶密集,椭圆形或近圆形,长9～12 cm,宽5～9 cm,两端钝或圆,3～4片轮生,大小近相等,无毛或幼叶被疏柔毛。穗状花序,长2～4.5 cm。花小,两性,无花被。浆

果卵状球形,先端尖,长近 1 mm。花期春季、秋季。

【分布习性】原产于南美洲北部等地。喜温暖、湿润的半阴环境。不耐高温、不耐寒冷。要求较高的空气湿度,忌阳光直射;喜疏松、肥沃、排水良好的湿润土壤。对甲醛、二甲苯等有毒气体有一定的净化作用。

【繁殖栽培】扦插、分株繁殖。豆瓣绿的扦插繁殖可于在4—5月取健壮的顶端枝条作插穗,切口稍晾干后插入湿润沙床中。也可全叶扦插。

【园林应用】株形秀美,叶色青翠,尤其适宜作小型盆栽置于茶几、装饰柜、博古架、办公桌上观赏,也可悬吊于室内窗前或浴室等处,清新悦目。

2)西瓜皮椒草 *Peperomia argyreia*(Miq.)E. Morr.,*胡椒科草胡椒属*

【别名】豆瓣绿椒草。

【识别特征】多年生常绿草本植物,茎短丛生,株高 15 ~ 20 cm。叶密集,卵圆形,尾端尖,长3 ~ 5 cm,宽 2 ~ 4 cm,叶脉由中央向四周辐射,浓绿色,脉间为银灰色,状似西瓜皮。穗状花序,花小、白色。

【分布习性】原产于南美洲和热带地区。性喜温暖、湿润气候,耐寒力较差,喜半阴,忌强光直射。适生长于疏松、肥沃、排水良好的砂质土壤,忌积水。

【繁殖栽培】分株、扦插繁殖。西瓜皮椒草的分株可于春秋两季进行,结合翻盆换土取出植株,根据新芽的位置切取栽植即可。扦插繁殖既可枝插,也可叶插,均宜夏季进行。

图 8.79　西瓜皮椒草

【园林应用】株形矮小,叶形奇特,斑纹可爱,可作地被,配植于花坛、花境,也可作盆栽置于室内摆放。

8.22　荨麻科

花叶冷水花

花叶冷水花 *Pilea cadierei* Gagnep. et Guillaum,*荨麻科冷水花属*

【别名】透明草、白雪草。

【识别特征】多年生常绿草本植物,具匍匐茎,株高 20 ~ 50 cm。茎肉质多汁,纤细,中部稍膨大。叶纸质,同对的近等大,广椭圆形至卵状椭圆形,长 3 ~ 6 cm,宽 1.5 ~ 5 cm,先端尾状渐尖,基部圆形,边缘稍具锯齿。叶面光滑,叶脉下陷,脉间具银白色斑纹或斑块。

【分布习性】原产于东南亚热带区域,我国南方多有栽培。喜温暖、湿润气候,不甚耐寒,耐阴能力强,忌烈日暴晒。适生于疏松、肥沃的砂质土壤。

【繁殖栽培】冷水花多用扦插法进行繁殖,春、秋两季均可进行,适温 20 ~ 25 ℃,10 d 左右即可生根。

图 8.80　花叶冷水花

【园林应用】株型矮小,叶色美丽,耐阴能力强,可供露地林缘、灌丛前栽植作地被或镶边花坛、花境,也可盆栽观赏,陈设书房、卧室等,清雅宜人。

8.23　凤仙花科

非洲凤仙 *Impatiens wallerana* J. D. Hook.,凤仙花科凤仙花属

图 8.81　非洲凤仙(一)

图 8.82　非洲凤仙(二)

【别名】苏丹凤仙、玻璃翠、苏氏凤仙。

【识别特征】多年生草本花卉,也有呈半灌木状者,株高 30～70 cm。茎直立,绿色,多分枝。叶互生或上部轮生,卵状披针形,长 2.5～7.5 cm,宽 1.5～4 cm,两端尖,叶缘有钝锯齿。花深红、淡红及白色等,径约 4 cm。花期 6—10 月,温室栽培则四季可花。

【分布习性】原产于非洲东部,我国多地有引种栽培。性喜温暖、湿润的气候,要求阳光充足,但忌烈日暴晒。不耐干旱,也怕积水,在肥沃、疏松和排水良好的砂质土壤中生长良好。同属常见栽培尚有何氏凤仙(*I. holstii* Engler et Warb.),其形态特征、分布习性及园林应用与非洲凤仙极相似。

【繁殖栽培】非洲凤仙主要以播种方式进行繁殖,也可扦插繁殖。播种繁殖多于春季进行,发芽

适温为 22 ～ 24 ℃,约两周即可出苗。扦插宜选取生长健壮枝条作插穗,约 3 周可生根。

【园林应用】茎叶光滑,花朵繁多,花期长,尤其适宜作盆花生产,南方温暖地区可露地半阴栽培,布置花坛、花境以及庭院等。

8.24　爵床科

网纹草 *Fittonia albivenis*（Veitch）Brummitt,*爵床科网纹草属*

【别名】银网草。

【识别特征】多年生常绿草本植物,植株低矮,高 5 ～ 20 cm,呈匍匐状蔓生,全株密被茸毛。叶长 3 ～ 4 cm、宽 2 ～ 3 cm,十字对生,卵形或椭圆形,翠绿色,叶脉呈银白色,呈网状。顶生穗状花序,花黄色。

【分布习性】原产于南美各地,现国内多有栽培。喜高温、多湿和半阴环境,忌阳光直射和干旱、干燥环境,也怕积水,适生于富含腐殖质的砂质土壤。

【繁殖栽培】扦插、分株繁殖。网纹草的扦插繁殖周年均可进行,以 5—9 月温度稍高效果最好。分株繁殖宜选择茎叶茂密的植株,剪取其已生出不定根的匍匐茎栽植即可。

图 8.83　网纹草

【园林应用】姿态轻盈,植株小巧玲珑,叶脉纹理清晰,尤其适宜盆栽美化窗台、阳台和居室,也可作盆栽布置花坛、环境等。

8.25　芭蕉科

芭蕉

芭蕉 *Musa basjoo* Sieb. et Zucc. ,*芭蕉科芭蕉属*

【别名】大蕉。

【识别特征】常绿大型草本植物,植株高 2.5 ～ 4 m。叶长圆形,长 2 ～ 3 m,宽 25 ～ 40 cm,先端钝,基部圆形或不对称,叶面鲜绿色,有光泽;叶柄粗壮,长达 30 cm。花序顶生、下垂,浆果三棱状,长圆形,长 5 ～ 7 cm,具 3 ～ 5 棱,近无柄,肉质。

【分布习性】原产于亚洲热带地区,我国长江流域及以南地区多有分布。性喜温暖、湿润环境,耐寒力弱,耐半阴,适应性较强,生长较快。在土层深厚、疏松、肥沃和排水良好的土壤中生长较好。

【繁殖栽培】芭蕉主要通过分株法进行繁殖,宜春季进行。

【园林应用】芭蕉枝叶扶疏似树,质则非木,高舒垂荫,可丛植于草坪、庭院、池畔、宅旁等处。

图 8.84　芭蕉(一)

图 8.85　芭蕉(二)

8.26　天门冬科

龙舌兰 *Agave americana* Linn.,天门冬科龙舌兰属

图 8.86　龙舌兰(一)

图 8.87　龙舌兰(二)

【别名】龙舌掌、番麻。

【识别特征】多年生常绿草本植物。茎短、叶大型、肉质、倒披针状线形,长 1~2 m,中部宽 15~20 cm,基部宽 10~12 cm,叶缘具疏刺,通常 30~60 枚,呈莲座状簇生。圆锥花序顶生,原产地长达十余米,花黄绿色,蒴果长圆形。

【分布习性】原产于美洲热带地区,我国华南、西南等地常见栽培。常见栽培有金边龙舌兰(var. Marginata)等。性喜阳光充足及凉爽、干燥环境,稍耐寒,不耐阴,耐旱力强。对土壤要求不严,以疏松、肥沃及排水良好的湿润砂质土壤为宜。

【繁殖栽培】分株、扦插或播种繁殖。龙舌兰的分株繁殖多在生长季节进行,常结合春季换盆进行。扦插繁殖截取叶腋处萌发的幼芽作插穗,适度晾干后插入基质较易生根成活。

【园林应用】株形紧凑，叶形美观，适宜作盆栽观赏，也可点缀草坪、墙隅等处。

8.27　猪笼草科

猪笼草 *Nepenthes mirabilis*（Lour.）Druce.，**猪笼草科猪笼草属**

【别名】水罐植物、猪仔笼、雷公壶。

【识别特征】猪笼草属全体物种的总称，食虫植物。多年生常绿草本或半木质化藤本，攀缘于树木或者沿地面而生。叶互生，多长椭圆形，全缘，中脉延长呈卷须，末端形成一带笼盖的瓶状或漏斗状捕虫笼，笼内壁光滑，笼形奇特，甚为美观。总状花序，长约 30 cm。花小，略香。蒴果，种子多数。

【分布习性】原产于热带、亚热带地区，我国华南地区有栽培。性喜高温、高湿及稍荫蔽环境，忌强光直射，不耐低温寒冷。

【繁殖栽培】猪笼草常用扦插、压条或播种方式进行繁殖。

【园林应用】叶端形成之猪笼色彩多变，形态奇特，尤其适宜盆栽悬挂于室内、阳台、篱垣等处观赏。

图 8.88　猪笼草（一）

图 8.89　猪笼草（二）

8.28　柳叶菜科

倒挂金钟 *Fuchsia hybrida* Hort. ex Sieb. et Voss.，**柳叶菜科倒挂金钟属**

【别名】吊钟海棠、吊钟花、灯笼花。

【识别特征】多年生半灌木,茎直立,株高50～300 cm,多分枝,被短柔毛,后渐脱落,幼枝略带红色。叶对生,卵形或狭卵形,长3～9 cm,宽2.5～5 cm,先端渐尖,边缘具浅齿,脉常带红色。花两性,下垂,花梗纤细,淡绿色或带红色,花管红色,筒状,花瓣颜色多变,有紫红、红、粉红、白等色。花期4—12月。

【分布习性】原产于南美洲,现我国各地广泛栽培。喜凉爽、湿润环境,怕高温和强光,忌酷暑闷热及雨淋日晒,不耐寒。适合生长于疏松、肥沃、排水良好的微酸性土壤。

【繁殖栽培】倒挂金钟主要以扦插方式进行繁殖,全年均可进行,以春季3—5月、秋季8—9月扦插生根最为理想。

【园林应用】花形奇特,极为雅致。适宜盆栽悬挂装饰阳台、窗台、书房等处。

图8.90　倒挂金钟(一)

图8.91　倒挂金钟(二)

9 球根花卉

9.1 菊 科

大丽花 *Dahlia pinnata* Cav.，菊科大丽花属

图9.1 大丽花(一)

图9.2 大丽花(二)

【别名】大理花、天竺牡丹、西番莲、地瓜花。

【识别特征】多年生草本植物,地下部分有粗大纺锤状肉质块根,形似地瓜。茎中空,直立或横卧,多分枝。株高40~150 cm,视品种而异。叶1~2回羽状全裂,上部叶有时不分裂,裂片卵形或椭圆形,无毛,边缘有粗钝锯齿。头状花序顶生,有长梗。花白、红、紫色等,花形多样。瘦果长椭圆形、黑色、扁平。5—6月和9—11月可开花。

【分布习性】原产于墨西哥,现世界各地多有栽培,种类及品种繁多。喜高燥、凉爽、阳光充足和通风良好的环境,喜半阴,畏酷暑、不耐严寒、不耐水涝。适宜栽培于土壤疏松、排水良好的肥沃砂质土壤中。

【繁殖栽培】大丽花的分株繁殖宜早春进行,将块根及附着于根颈上的芽切割成块,切口可涂草木灰防腐,另行栽植即可。扦插多于夏季进行,剪取侧芽作插穗,较易成活,3周左右可生根。

播种繁殖可将秋季采收的种子贮藏至翌年早春播种。

【园林应用】花色艳丽，花形多变，是世界名花之一，适宜配置花坛、花境或庭院丛植，矮生品种可作盆栽。

9.2　鸢尾科

1）唐菖蒲 *Gladiolus gandavensis* Van Houtte，鸢尾科唐菖蒲属

【别名】菖兰、剑兰、扁竹莲、十样锦、十三太保。

【识别特征】多年生草本植物，地下部分球茎扁圆球形，直径 2.5～5 cm，株高 60～150 cm。茎粗壮而直立，叶基生或在花茎基部互生，剑形，长 40～60 cm，宽 2～4 cm，顶端渐尖，抱茎互生，嵌迭状排成两列，灰绿色。蝎尾状聚伞花序顶生，长 25～35 cm，着花 12～24 朵，通常排成两列，侧向一边，少数四面着花。花冠筒漏斗状，色彩丰富，有白、黄、粉、红、紫、蓝等深浅不一的单色或复色，或具斑点等。蒴果椭圆形或倒卵形。花期 7—9 月，果期 8—10 月。

【分布习性】原产于非洲、欧亚等地，现在我国各地均有栽培，种类和品种甚多。喜温暖、湿润、夏季凉爽之气候，较耐寒，不耐高温，忌闷热。适生长于深厚、肥沃、疏松而排水良好的砂质土壤。

【繁殖栽培】唐菖蒲以分株繁殖为主，可分离仔球，也可将母球切割成数块进行栽植。唐菖蒲长期无性繁殖易导致品种混杂及品性退化，宜定期组织培养脱毒，以利苗木复壮。

【园林应用】花色丰富，花形独特，是世界著名切花之一，也可布置花坛、花境以及盆栽观赏等。

图9.3　唐菖蒲（一）

图9.4　唐菖蒲（二）

2）香雪兰 *Freesia refracta* klatt，鸢尾科香雪兰属

【别名】小苍兰、小葛兰。

【识别特征】多年生草本植物,球茎狭卵形或卵圆形,被有薄膜质的包被,包被上有网纹及暗红色斑点。叶基生,约6枚,两列互生,质硬,剑形至条形,略弯曲,长15~30 cm,宽0.5~1.5 cm,黄绿色,中脉明显。花茎单一直立,长30~45 cm。花漏斗状,偏生一侧,有白、粉、橙红、淡紫、大红、鲜黄色等。蒴果近卵圆形,室背开裂。花期3—4月。

【分布习性】香雪兰原产于非洲南部,我国多地有引种栽培。喜凉爽、湿润环境,要求阳光充足,但不喜强光照射和高温环境。耐寒力较弱。适生长于肥沃、湿润而排水良好的砂质土壤,需肥中等。

【繁殖栽培】香雪兰以分球繁殖为主,于休眠期取新球分级贮藏至秋季栽植即可。

【园林应用】植株清秀,花色浓艳,香气浓郁,适宜庭院栽种或布置花坛、花境,也可盆栽观赏或作切花,深受民众喜爱。

图9.5　香雪兰(一)

图9.6　香雪兰(二)

9.3　美人蕉科

1)**大花美人蕉** *Canna generalis* Linn. H. Bailey et. E. Z. Bailey,**美人蕉科美人蕉属**

【别名】红艳蕉。

【识别特征】多年生草本植物,多种源杂交的栽培种。株高可达80~150 cm,根状茎肥大肉质,茎叶被蜡质白粉。叶大、全缘,粉绿、亮绿色,也有黄绿镶嵌的花叶品种,椭圆状披针形,螺旋状排列,有明显的中脉和羽状平行脉,叶柄呈鞘状抱茎。总状花序,花径10~20 cm,有乳白、黄、橘红、粉红、大红至紫红色等。花期4—6月和9—10月。

【分布习性】原种分布于美洲热带,现我国各地广泛栽培。喜温暖、湿润气候,要求阳光充足,日照时间7 h以上的环境。耐湿,但忌积水,不耐寒,怕强风和霜冻。对土壤要求不严,能耐瘠薄。

【繁殖栽培】大花美人蕉可分株、播种法繁殖。播种繁殖于春季进行,播前破壳、温汤浸种催芽,2~3周即可出芽。分株繁殖可于春季掘出根茎、分割成数块栽植即可。

【园林应用】叶色翠绿、花色丰富,花朵艳丽,适宜作花境背景或花坛中心栽植,也可丛植或带状种植于林缘、草地边缘、池畔等处,也可作盆栽观赏。

2)**金脉美人蕉** *Canna generalis* cv. Striatus,**美人蕉科美人蕉属**

【别名】花叶美人蕉、线叶美人蕉。

本种是大花美人蕉之变种,主要区别在于:叶片淡黄色,叶脉绿化,叶缘具红边,全缘。

分布习性及园林应用同大花美人蕉。

图9.7　大花美人蕉　　　　　　　　　图9.8　金脉美人蕉

9.4　姜　科

1)**姜花** *Hedychium coronarium* Koen.,**姜科姜花属**

图9.9　姜花(一)　　　　　　　　　图9.10　姜花(二)

【别名】姜黄、姜兰花、夜寒苏。

【识别特征】多年生草本植物,有根状茎和直立茎,株高可达2 m。叶长圆状披针形,长20～60 cm,宽4.5～8 cm,先端长渐尖,叶面光滑,叶背被短柔毛,无柄。穗状花序顶生,长10～20 cm,苞片4～6枚,覆瓦状排列。花白色,芳香。花期9—11月。

【分布习性】原产于喜马拉雅山脉,我国华南、西南、东南、华中等地有栽培。喜温暖、湿润气候和稍阴的环境,不耐低温,尤怕霜冻。适生长于微酸性的肥沃砂质土壤。

【繁殖栽培】姜花的分株繁殖速度快、效果好,多于春季自成年株丛中截取分栽。

【园林应用】性强健,花香叶美丽,可丛植、片植于庭院、林缘、路旁、池畔等处,也是盆栽和切花的好材料。

2)**艳山姜** *Alpinia zerumbet*（Pers.）Burtt et Smith,**姜科山姜属**

艳山姜

【别名】花叶良姜、彩叶姜、花叶艳山姜。

【识别特征】多年生草本植物,株高 1~2 m,具根茎。革质叶片具鞘,长椭圆形,两端渐尖,叶长 50~60 cm,宽 15~20 cm,叶面深绿色,有金黄色富有光泽的纵斑纹。圆锥花序下垂,花蕾包藏于总苞片中,花白色,边缘黄色,花萼近钟形。花期6—7月。

【分布习性】原产于东南亚热带、亚热带地区,我国南方城市多有栽培。喜高温、多湿环境,喜光,也耐阴,不耐寒,怕霜雪,适生长于疏松、肥沃及保水性能好的土壤。常见栽培尚有花叶艳山姜(cv. Variegata)。

【繁殖栽培】分株、播种繁殖。

【园林应用】植株低矮,叶色鲜艳夺目,适宜点缀庭院、公园、林缘、池畔等处,也可作盆栽摆放客厅、办公室及厅堂等处。

图 9.11 艳山姜(一)

图 9.12 花叶艳山姜(二)

9.5 石蒜科

葱莲

1)**葱莲** *Zephyranthes candida*（Lindl.）Herb.,**石蒜科葱莲属**

【别名】葱兰、玉帘。

【识别特征】多年生常绿球根花卉,株高 10~20 cm。鳞茎狭卵形,直径约 2.5 cm,具有明显的颈部。叶基生,狭线形,肥厚,亮绿色,长 20~30 cm,宽 2~4 mm。花茎中空,花单生于花茎顶端,苞片白色膜质,多漏斗状。蒴果近球形,直径约 1 cm。花期7—10月。

【分布习性】原产于南美洲,现在中国各地多有栽培。喜阳光充足的环境,耐半阴,适生长于肥沃的黏质土壤。

【繁殖栽培】分株繁殖、播种繁殖均可。

【园林应用】葱莲株丛低矮、终年常绿、花朵繁多,适用于林下、边缘或半阴处作地被,也可作花坛、花境的镶边材料,或丛植草坪,也可盆栽供室内观赏。

图9.13　葱莲(一)　　　　　　　　　　图9.14　葱莲(二)

2)**韭莲** *Zephyranthes grandiflora* Lindl.,石蒜科葱莲属

【**别名**】韭兰、风雨花。

【**识别特征**】多年生草本植物,鳞茎卵球形,直径2~3 cm。基生叶常数枚簇生,线形,扁平,长15~30 cm,宽6~8 mm,形似韭菜。花单生于花茎顶端,总苞片常带淡紫红色,花玫瑰红色或粉红色。蒴果近球形,种子黑色。花期4—9月。

【**分布习性**】原产于南美洲,我国南北方都引种栽培。生性强健,喜温暖、湿润环境,但也较耐寒、耐干旱,怕水淹。适生长于土层深厚、地势平坦、排水良好的土壤。适应能力和抗病虫能力强,耐粗放管理。

【**繁殖栽培**】同葱莲。

【**园林应用**】植株低矮,花色鲜艳,可作花坛、花径或者草地的镶边材料,也可作盆栽观赏。

图9.15　韭莲(一)　　　　　　　　　　图9.16　韭莲(二)

3)**水仙** *Narcissus tazetta* var. *chinensis* Roem.,石蒜科水仙属

【**别名**】中国水仙、凌波仙子、金盏银台、落神香妃、玉玲珑。

【**识别特征**】鳞茎卵球形,外被褐色皮膜。叶宽线形,扁平,长20~60 cm,宽1.5~4 cm,先端钝圆,全缘,粉绿色。花葶自叶丛中抽出,中空,筒状或扁筒状。一般每球抽生1~2枝花葶,每葶着花3~11朵,呈伞房花序状。花白色,芳香,花期1—2月。

【**分布习性**】我国东南、华中、华东、西南等地有栽培,盆栽观赏遍布国内。喜温暖、湿润气候及阳光充足的环境。生性强健,能耐半阴,尤喜冬无严寒、夏无酷暑、春秋多雨环境。对土壤要求不严,以疏松、肥沃、土层深厚的土壤最佳。

【繁殖栽培】水仙鳞茎易生仔球,分离栽植即分株繁殖。水仙也可组培繁殖。

【园林应用】株丛低矮清秀,花形奇特,花色淡雅芳香,尤其适宜盆栽置放案头、窗台观赏,也可布置花坛、花境等。

图9.17 水仙(一)

图9.18 水仙(二)

4)文殊兰 *Crinum asiaticum* Linn.,石蒜科文殊兰属

【别名】亚洲文殊兰、印度文殊兰。

【识别特征】多年生常绿粗壮草本植物,株高30~60 cm,鳞茎长圆柱形,有毒。叶基生,20~30枚,带状披针形,长可达1 m,宽4~10 cm,先端渐尖,边缘波状,暗绿色。花茎直立,伞形花序着花10~20朵,花高脚碟状,白色,芳香,蒴果近球形。春夏季节开花。

图9.19 文殊兰

【分布习性】原产于亚洲热带地区,我国南方地区有栽培。性喜温暖、湿润气候,光照充足的环境,但苗期忌阳光直射。不耐寒,较耐盐碱土,适生长于腐殖质含量高、疏松、肥沃、通透性能强的砂质土壤。

【繁殖栽培】分株、播种繁殖。文殊兰的分株繁殖春、秋均可进行,宜结合换盆时进行,取下母株周围鳞茎,另行栽植即可。播种繁殖多在春季,适温15~25 ℃,约两周可萌芽。

【园林应用】花叶并美,适宜丛植点缀景区、校园、庭院、草坪等处,也可作盆栽布置会场、大厅等。

5)朱顶红 *Hippeastrum rutilum* (Ker-Gawl.) Herb.,石蒜科朱顶红属

【别名】柱顶红、孤挺花、华胄兰、百子莲。

【识别特征】多年生草本植物,鳞茎近球形,直径5~8 cm。叶6~8枚,鲜绿色,宽带形,略肉质,与花同时或花后抽出。长约30 cm,基部宽约2.5 cm。花茎自叶丛中抽出,中空,稍扁,高约40 cm,具有白粉。伞形花序,有花3~6朵,花漏斗状,梗纤细且短。花色鲜红或带白色,有时也

有白色条纹。花期夏季。

【分布习性】原产于南美的巴西、秘鲁等地,我国南方地区多有栽培,现园艺品种较多。性喜温暖、湿润气候,不喜酷热,不喜强光直射,怕水涝。适生长于富含腐殖质、排水良好的微酸性砂质土壤。

【繁殖栽培】同文殊兰。

【园林应用】姿态丰润,花大色艳,适宜丛植于庭院、草坪、角隅、池畔等,也可布置花坛、花境,或盆栽装点居室、厅堂等处。

图9.20　朱顶红(一)

图9.21　朱顶红(二)

6)蜘蛛兰 *Hymenocallis speciosa* Salisb.,石蒜科水鬼蕉属

【别名】美丽水鬼蕉。

【识别特征】多年生常绿草本植物,有鳞茎。叶数枚,基生,抱茎,椭圆形至长圆状椭圆形,长可达75 cm,宽2.5~6 cm,深绿色,先端急尖。花葶硬、扁平,高30~80 cm。伞形花序顶生,着花7~12朵,花径约20 cm,花被裂片窄,长达11 cm,形如蜘蛛,绿白色,有香气。花期夏秋季节。

【分布习性】原产于美洲,大多分布于东南亚和大洋洲,我国南方地区多有分布。性强健,喜温暖、湿润气候,不耐寒。喜肥沃黏质土壤。

图9.22　蜘蛛兰

【繁殖栽培】蜘蛛兰以分株繁殖为主,于春季结合换盆进行,分球栽植即可。

【园林应用】姿态健美,适应能力强,可丛植于庭院、草地、林缘等处,或布置花境、花坛,也可作盆栽观赏。

9.6 百合科

1）百合 *Lilium brownii* var. *viridulum Baker*，**百合科百合属**

【别名】野百合、淡紫百合、紫背百合。

【识别特征】多年生草本植物，株高70～150 cm。鳞茎扁平状球形，淡白色，由多数肉质肥厚、卵匙形的鳞片聚合而成。地上茎直立，圆柱形。叶多，互生，无柄，披针形至椭圆状披针形，全缘，叶脉弧形。花大，茎顶着生，多白色、漏斗形，1～4朵、径约10 cm，香气浓郁。蒴果长卵圆形，具钝棱。花期6—7月，果期7—10月。

【分布习性】原产于我国南部各省，现全国各地均有种植，种类和品种繁多。喜冷凉、湿润气候，较耐寒，怕水涝。对土壤要求不严，宜生长于土层深厚、肥沃、疏松的砂质土壤中。

【繁殖栽培】播种、分株繁殖。百合的播种繁殖以秋播为主，种性易变，生产中较少使用。常取鳞片、仔球或珠芽进行分栽繁殖。

【园林应用】花姿雅致，叶色青翠，茎干亭亭玉立，是世界著名的切花之一。除用作切花外，也可丛植、片植于疏林、草地边缘、亭畔、岩石园、庭院以及布置花坛、花境等，也可作盆栽观赏。

图9.23　百合（一）

图9.24　百合（二）

2）郁金香 *Tulipa gesneriana* Linn.，**百合科郁金香属**

【别名】洋荷花、草麝香、荷兰花。

【识别特征】多年生草本植物，直立性强，株高20～40 cm。鳞茎卵形，直径约2 cm。叶3～5枚，长椭圆状披针形至卵状披针形，长10～20 cm，宽1～6.5 cm。花葶高6～10 cm，花单生茎顶，单瓣、重瓣均有，有杯状、碗状、漏斗状、百合花状等花形，大且直立。花色多样，有白、粉红、洋红、紫、褐、黄、橙色等，深浅不一，单色或复色。

【分布习性】原产于地中海沿岸及中亚细亚等地，历史悠久，栽培种类及品质非常多，世界各地广泛栽培。性喜向阳、避风的环境,冬季喜温暖、湿润,夏季喜凉爽、干燥的气候,耐寒性很强,但怕酷暑。要求腐殖质丰富、疏松、肥沃、排水良好的微酸性土壤,忌碱土和连作。

【繁殖栽培】郁金香常分球繁殖,即将母球分生出的仔球分级种植。也可播种繁殖,即将种子砂藏至秋季播种。

【园林应用】株形刚劲挺拔,叶色素雅秀丽,花朵端庄动人,是世界著名球根花卉,最宜作切花,也可用作布置花坛、花境或丛植草地以及盆栽观赏等。

图 9.25　郁金香(一)　　　　　　　　　图 9.26　郁金香(二)

9.7　毛茛科

花毛茛 Ranunculus asiaticus Linn. ,*毛茛科毛茛属*

图 9.27　花毛茛(一)　　　　　　　　　图 9.28　花毛茛(二)

【别名】芹菜花、波斯毛茛。

【识别特征】多年生草本植物,株高 20 ~ 40 cm,块根纺锤形,长 1.5 ~ 3 cm,粗不及 1 cm,常数个聚生根茎部,似大丽花块根而形小。茎单生或少数分枝,有毛。基生叶阔卵形、椭圆形或三出状,缘具齿,具长柄。茎生叶羽状细裂,无柄。花单生或数朵顶生,径 3 ~ 5 cm,花瓣 5 至数十枚,有重瓣、半重瓣等花形。花色丰富,有红、黄、紫、白、褐色等。花期 4—5 月。

【分布习性】原产于欧洲东南部及亚洲西南部,种类品种甚多,世界各地均有栽培。喜凉爽及半阴环境,忌炎热、较耐寒,宜种植于排水良好、肥沃、疏松的砂质或略黏质土壤。

【繁殖栽培】花毛茛多以分株、播种繁殖或组织培养方式进行繁殖。分株繁殖多在秋季进行,将块根带根茎掰开栽植即可。播种繁殖亦秋季进行,适温 10 ~ 15 ℃,约 3 周可萌芽。

【园林应用】株形低矮,色泽艳丽,可布置花坛、花境,点缀草坪、林缘等处,也可作盆栽观赏及用于鲜切花生产。

9.8 报春花科

仙客来 *Cyclamen persicum* Mill. ,报春花科仙客来属

【别名】萝卜海棠、兔耳花、一品冠。

【识别特征】多年生草本植物,块茎扁球形、肉质,直径通常 4 ~ 5 cm,具木栓质的表皮,棕褐色,顶部稍扁平。叶和花葶同时自块茎顶部抽出,叶丛生,心脏状卵形,边缘具大小不等的圆齿牙,表面深绿色具白色斑纹。叶柄肉质,褐红色,长 5 ~ 18 cm。花葶高 15 ~ 20 cm,花大、单生,花瓣 5 枚,开花时花瓣向上反卷而扭曲,形似兔耳。花色有白、粉、玫红、紫红、大红色等,基部常有深红色斑。花期较长,冬春较多。

【分布习性】原产于地中海沿岸东南部等地,现已广为栽培。种类及品质甚多。性喜凉爽、湿润及阳光充足的环境,怕炎热,较耐寒。适生长于富含腐殖质的肥沃土壤。对二氧化硫等有毒有害气体有较强的抵抗能力。

【繁殖栽培】播种、分株繁殖。仙客来的播种繁殖,宜将种子贮藏至秋季播种,播前宜浸种催芽。分株繁殖多于秋季块茎萌动前进行,将块茎自顶部纵切分成数块,每块均须带有芽眼,将切口涂以草木灰,稍微晾干后栽植即可。

【园林应用】植株烂漫多姿,花形奇特,娇艳夺目,是冬春季节优美的名贵盆花,适宜盆栽布置会场、大厅,或置于室内点缀几架、书桌等,也可用作切花生产。

图 9.29 仙客来(一)

图 9.30 仙客来(二)

9.9　苦苣苔科

大岩桐 *Sinningia speciosa* Benth. et Hook. ，苦苣苔科大岩桐属

【别名】落雪泥。

【识别特征】多年生草本植物，块茎扁球形，地上茎极短，株高 15～25 cm，全株密被白色绒毛。叶对生，肥厚而大，卵圆形或长椭圆形，缘有钝锯齿。花梗自叶间伸出，花顶生或腋生，花冠钟状，先端浑圆，裂片5，矩圆形，径6～7 cm。花色丰富，有粉红、红、紫蓝、白、复色等，也常见白色镶边品种，夏季开花。

【分布习性】原产于巴西，现各地广泛栽培，栽培类型及品种较多。性喜温暖、湿润及半阴环境，要求空气湿度大，忌强光直射，不耐寒。适生长于富含腐殖质的疏松、肥沃、偏酸性的砂质土壤。

【繁殖栽培】分株繁殖方式与仙客来类似。如需获取种子进行播种繁殖，需人工授粉。

【园林应用】花大色艳，花期又长，尤适盆栽布置室内，置于窗台、几案或花架之上，也可布置花坛、花架等。

图 9.31　大岩桐（一）

图 9.32　大岩桐（二）

9.10　天南星科

马蹄莲 *Zantedeschia aethiopica* Spreng.，天南星科马蹄莲属

【别名】水芋、观音莲。

【识别特征】多年生粗壮草本植物，具肥厚肉质的褐色块茎。叶基生，质厚，绿色，心状箭形、箭形或戟形，先端锐尖，有平行脉、全缘，长 15～45 cm，宽 10～25 cm。叶柄长 40～60 cm，下部具鞘。花梗大致与叶等长，顶端着生黄色肉穗花序，有香气，外被白色佛焰苞，呈短漏斗状，喉部开张，先端长尖，反卷。浆果短卵圆形，淡黄色，径约 1 cm。

【分布习性】原产于非洲南部河流旁或沼泽地中，现各地多有栽培。喜温暖、湿润和阳光充足的环境。不耐寒和干旱,生长期须保持土壤湿润。适生于疏松、肥沃、保水性能好的微酸性砂质土壤。

【繁殖栽培】马蹄莲以分球繁殖为主,于植株进入休眠后,截取块茎四周仔球另行栽植即可。播种繁殖多随采随播,发芽适温 15～25 ℃。

【园林应用】株形雅致挺秀,花苞洁白如马蹄,适宜切花用作花束、花篮、花环和瓶插等,也可盆栽摆放台阶、窗台、几案、镜前等或配植于庭园,尤适丛植于池畔、溪旁等处。

图 9.33   马蹄莲(一)   图 9.34   马蹄莲(二)

9.11   番杏科

心叶日中花 *Mesembryanthemum cordifolium* Linn. F. , 番杏科露草属

图 9.35   露草(一)   图 9.36   露草(二)

【别名】牡丹吊兰、花蔓草、心叶冰花、露草、太阳玫瑰、羊角吊兰、樱花吊兰。

【识别特征】多年生常绿蔓性肉质草本植物,枝长可达 20 cm。叶对生,肉质肥厚、鲜亮青翠。枝条有棱角,伸长后呈半葡萄状。枝条顶端开花,花深玫瑰红色,中心淡黄,形似菊花,瓣狭小,具有光泽,自春至秋陆续开放。

【分布习性】原产于南非,现我国热带、亚热带地区有栽培。喜阳光,宜干燥、通风环境。忌高温、多湿,喜排水良好的砂质土壤。

【繁殖栽培】扦插、分株均能繁殖。

【园林应用】生长迅速,枝叶茂密,花期长,宜作垂吊花卉栽培,供家庭阳台和室内向阳处布置,也可用于布置沙漠景观。

10 水生花卉

10.1 睡莲科

1）荷花 *Nelumbo nucifera* Gaertn.，睡莲科莲属

荷花

图 10.1　荷花

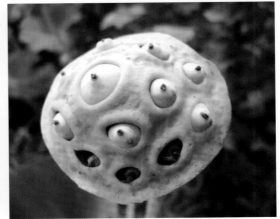

图 10.2　莲蓬

【别名】莲花、水芙蓉、芙蕖、中国莲。

【识别特征】多年生水生草本，挺水植物。根状茎横生水底之泥中，肥厚，节间膨大，内有多数纵行通气孔道，节部缢缩，着生黑色鳞叶及须状不定根，并由此抽生叶、花梗及侧芽。叶盾状圆形，全缘或稍波状，直径 25～90 cm，表面深绿色，被蜡质白粉，背面灰绿色。叶柄粗壮，圆柱形，散生小刺，中空。花单生于花梗顶端，直径 10～20 cm，美丽，芳香；有单瓣、复瓣、重瓣等花形，有白、粉、深红、淡紫、黄等颜色。坚果椭圆形或卵形。花期 6—9 月，果期 8—10 月。

【分布习性】亚热带、温带地区广泛栽培。性喜阳光充足及温暖的环境，耐寒性较强，不耐阴。适生长于静水或缓流之浅水、湖沼、泽地、池塘等处。

【繁殖栽培】分藕繁殖、播种繁殖。荷花的分藕繁殖可于春季进行，须避开寒潮。栽插前，盆泥要和成糊状，出芽后逐渐加深水位。播种前要破壳、浸种，并经常换水，约 1 周出芽，2 周后生根

移栽。

【园林应用】荷花花叶清秀,清香四溢,是我国传统名花。是良好的水景植物,可美化水体、点缀亭榭,或盆栽观赏。

2)睡莲 *Nymphaea tetragona* Georgi,睡莲科睡莲属

【别名】子午莲、粉色睡莲。

【识别特征】多年生水生草本植物,块状根茎肥厚,生于泥中。叶丛生并浮于水面,圆形或卵圆形,全缘或有齿,质稍厚,正面浓绿色,背面略紫红色。叶柄圆柱形,细长。花较大、单生花梗顶端,多浮于水面。花瓣多数,有白、粉、黄、紫红、浅蓝色等。果实倒卵形,长约 3 cm。花期 5—8 月。

【分布习性】品种多,以原产北非和东南亚热带地区为主,各地广泛栽培。喜阳光充足、通风良好、水质清洁、温暖的静水环境,适生长于富含有机质的黏质土壤。

【繁殖栽培】分株、播种繁殖。睡莲的分株繁殖,耐寒种多在早春发芽前进行,不耐寒种可于春末夏初进行。如行播种繁殖,可于果实成熟前用纱布袋包裹,种子收集到后于水中贮存,翌年春季播种、覆土、灌水,确保水面高出盆土 3 ~ 4 cm。适温 25 ~ 30 ℃,约两周发芽,次年可花。

【园林应用】花形及花色丰富,适宜点缀水面,也可作盆栽观赏或作切花。

图 10.3　睡莲(一)

图 10.4　睡莲(二)

3)王莲 *Victoria amazonica*(Poepp.)Sowerby.,睡莲科王莲属

图 10.5　王莲

【别名】亚马孙王莲。

【识别特征】多年生草本植物。初生叶呈针状,逐渐呈矛状、戟形,后完全展开呈椭圆形至圆形,似圆盘浮于水面,直径可达 2 m。叶面光滑,绿色略带微红,有皱褶,背面紫红色,叶柄绿色,长 2 ~ 4 m,叶背面和叶柄有硬刺。

【分布习性】原产于南美热带地区,现已引种到世界各地。正常生长须高温、高湿、阳光充足的环境,耐寒力极差。适生长于肥沃深厚的淤泥之中,但不喜过深水域。

【繁殖栽培】同睡莲。

【园林应用】叶形奇特,花朵美丽,适宜布置公园、庭院等处的水景装饰。

4）萍蓬草 *Nuphar pumilum*（Timm.）DC.，*睡莲科萍蓬草属*

【别名】黄金莲、萍蓬莲。

【识别特征】多年生浮水植物,块状根茎肥大,横卧泥中。二型叶。浮水叶纸质或近革质,圆形至卵形,长 8~17 cm,宽 5~12 cm,先端圆钝,基部开裂呈深心形,裂深约为全叶的 1/3。叶表亮绿,叶背紫红,密被柔毛。沉水叶薄膜质且无毛。叶柄长,上部三菱形,基部半圆形。花金黄色、单生叶腋,径 2~3 cm,伸出水面。花期 5—7 月,果期 7—9 月。

图 10.6　萍蓬草

【分布习性】原产于北半球寒温带,我国东北、华北、华南地区均有分布。喜生于阳光充足的清水池沼、河流、湖泊等浅水处。

【繁殖栽培】萍蓬草常采取分株法繁殖,可将地下茎长出之芽和枝条分栽进行繁殖,也可播种繁殖。

【园林应用】叶形奇特,花色金黄,适宜作布置水景,也可作盆栽观赏。

10.2　千屈菜科

千屈菜

千屈菜 *Lythrum salicaria* Linn.，*千屈菜科千屈菜属*

图 10.7　千屈菜（一）

图 10.8　千屈菜（二）

【别名】水枝柳、水柳、对叶莲。

【识别特征】多年生挺水植物,株高 30~100 cm。根茎横卧于地下,粗壮、木质化。地上茎直立,四棱形,多分枝。全株青绿色,略被粗毛或密被绒毛。单叶对生或三叶轮生,披针形或阔披针形,长 4～10 cm,先端钝形或短尖,全缘,无柄。穗状花序顶生,小花紫红色。蒴果扁圆形。花期 7—9 月。

【分布习性】原产于欧亚之温带地区,我国南北方均有野生及栽培。喜强光、潮湿及通风良好的环境,河岸、湖畔、溪沟边和潮湿草地等处生长最好。耐寒性强,对土壤要求不严,以土层深厚、富含腐殖质的土壤为宜。

【繁殖栽培】千屈菜以分株繁殖为主,也可播种或扦插繁殖。早春或秋季分株,春季播种及嫩枝扦插。

【园林应用】株丛整齐清秀,花色淡雅,适宜浅水岸边丛植或池中栽植,也可用作花境材料及切花,或盆栽。

10.3   天南星科

1)菖蒲 *Acorus calamus* Linn. ,天南星科菖蒲属

【别名】泥菖蒲、水菖蒲、大叶菖蒲。

【识别特征】多年生挺水植物。根茎横卧泥中,稍扁,有分枝,芳香。叶二列状着生,剑状线形,先端尖,基部鞘状,对折抱茎。中脉明显并两面隆起,边缘稍波状。叶揉碎后有香味。花茎似叶稍细,长 20～50 cm,短于叶丛。圆柱状长锥形肉穗花序,叶状佛焰苞长 30～40 cm,花小,黄绿色,浆果长圆形、红色。花期 6—9 月。

【分布习性】原产于我国及日本,广布世界温带、亚热带地区。喜冷凉、湿润气候及阴湿环境,不甚耐寒,忌干旱。在华北地区呈宿根状,冬季地上部分枯死,次年重新萌生枝叶。

常见栽培变种有金线菖蒲(var. *variegatus* Linn.),叶具黄色条纹。

【繁殖栽培】菖蒲以分株繁殖为主,早春或生长期掘取地下茎,洗干净,去除老根、枯叶,切割成数块,每块有 3～4 个新芽,分栽即可。

【园林应用】叶丛翠绿,端庄秀丽,具有香气,适宜丛植于湖岸、池畔等水景周边配置,也可作盆栽观赏或用作插花材料。

图 10.9   菖蒲

图 10.10   金线菖蒲

2)大薸 *Pistia stratiotes* Linn. ,天南星科大薸属

【别名】肥猪草、水白菜、水芙蓉。

【识别特征】多年生浮水植物，根须发达呈羽状，垂悬于水中。主茎短缩，叶簇生其上呈莲座状，匍匐茎自叶腋间向四周伸出，茎顶端发出新植株，有白色成束的须根。叶倒卵状楔形，长 2～8 cm，顶端钝圆而呈微波状，两面有白色细毛。花序腋生，总花梗短，佛焰苞长约 1.2 cm，白色，背面生毛。花期 6—7 月。

【分布习性】主要分布于亚洲、美洲、非洲热带及亚热带地区。喜高温、湿润气候，不耐严寒，较喜肥。有较强的净化水体能力。

【繁殖栽培】分株繁殖。大薸繁殖力极强，尤其在湖泊、水库、沟渠中极易繁殖，影响水体生态系统。

【园林应用】植株秀丽，叶形美观，适宜点缀水面，也可作盆栽观赏。

图 10.11　大薸（一）

图 10.12　大薸（二）

10.4　泽泻科

慈姑 *Sagittaria sagittifolia* Linn.，*泽泻科慈姑属*

【别名】茨菰、燕尾草、箭搭草。

【识别特征】多年生挺水植物，高可达 1.2 m。地下具根茎，其先端形成球茎即慈姑。球茎表面具膜质鳞片，端部为长嘴状顶芽，稍弯曲。叶基生，出水叶戟形，端部箭头状，基部具 2 长裂片，全缘。叶柄长，肥大而中空。沉水叶线状。花茎直立，单生或疏分枝。花小，白色，不易结实。花期 7—9 月。

【分布习性】原产于我国，现南北各省均有栽培。适应能力很强，最喜气候温暖、阳光充足的环境，适生长于池塘、湖泊、水田等浅水域中。

图 10.13　慈姑

【繁殖栽培】慈姑较难产生种子，故多分球繁殖。即自球茎上切下顶芽另行栽植、培育。

【园林应用】叶形奇特，适应能力强，可用作水边、岸边的绿化材料，也可作盆栽观赏。

10.5 雨久花科

凤眼蓝

1)凤眼莲 *Eichhornia crassipes* （Mart.）Solme,雨久花科凤眼莲属

【别名】水葫芦、凤眼蓝。

【识别特征】多年生漂浮植物,株高30~60 cm。须根发达,棕黑色,长达30 cm,悬垂水中。茎极短,具长匍匐枝,匍匐枝淡绿色或带紫色,与母株分离后可成新植株。叶倒卵状圆形或卵圆形,全缘,具弧形脉,表面深绿色,光亮,质地厚实,两边微向上卷,顶部略向下翻卷,基部丛生,莲座状排列。叶柄细长,中下部膨胀呈葫芦状海绵质气囊。花茎单生,高20~30 cm,近中部有鞘,顶端着生短穗状花序。小花堇紫色,径约3 cm。花期7—10月,果期8—11月。

【分布习性】原产于南美洲,现我国各地多有栽培。喜温暖、湿润气候及阳光充足的环境,适应性很强,有一定耐寒能力,繁殖迅速。适生长于浅水、静水中,净化污水能力强。

【繁殖栽培】凤眼莲繁殖能力极强、速度极快,夏季可切离其匍匐枝和母枝另行栽植,也可播种繁殖。

【园林应用】株形奇特,叶色青翠,花色美丽,适宜配置于池隅等处,也可作盆栽观赏。

图10.14　凤眼莲(一)

图10.15　凤眼莲(二)

2)梭鱼草 *Pontederia cordata* Linn.,雨久花科梭鱼草属

【别名】北美梭鱼草、海寿花。

【识别特征】多年生挺水或湿生草本植物,株高80~150 cm。叶柄绿色,圆筒形,叶较大,倒卵状披针形,长可达25 cm,宽可达15 cm,深绿色。花葶直立,通常高出叶面。穗状花序顶生,长5~20 cm,小花密集,蓝紫色带黄斑点。果实初期绿色,成熟后褐色。花果期5—10月。

【分布习性】原产于北美,现在我国南北方均有分布。喜温暖、湿润气候及光照充足、潮湿的环境,怕风、不耐寒,适生长于静水及水流缓慢的水域中。生长迅速,繁殖能力强。

【繁殖栽培】梭鱼草多以分株或播种方式进行繁殖。分株繁殖可在春夏两季进行,自植株基部切开分栽即可。播种繁殖多在春季进行,发芽适温20~25 ℃。

【园林应用】叶形秀美,适应能力强,可用于河道两侧、池畔及人工湿地造景,也可作盆栽观赏。

图 10.16　梭鱼草(一)　　　　　图 10.17　梭鱼草(二)

10.6　莎草科

风车草

1)旱伞草 *Cyperus* involucratus Rottb. ,莎草科莎草属

【别名】水棕竹、伞草、风车草。

【识别特征】多年生湿生、挺水植物,株高 40~150 cm。茎秆丛生、三棱形,直立无分枝。叶鞘状,叶状苞片呈螺旋状排列于茎秆顶端,向四面辐射开展,扩散呈伞状。聚伞花序,有多数辐射枝,每个辐射枝端常有 4~10 个二次分枝。花期 4—6 月,果期 9—10 月。

【分布习性】原产于非洲,世界各地广泛栽培。性喜温暖、阴湿及通风良好的环境。适应性强,对土壤要求不严格,不耐寒冷及干旱。

【繁殖栽培】分株、播种繁殖。旱伞草分株繁殖可在春季换盆时进行,将老株丛切割数小株分栽即可。播种繁殖宜春季撒播,适温 20~25 ℃,2~3 周可发芽。

【园林应用】株丛繁密,叶形奇特,可配置于溪流、岸边以及点缀假山、假石、缝隙等处,也可作盆栽观赏。

图 10.18　旱伞草(一)　　　　　图 10.19　旱伞草(二)

2）纸莎草 *Cyperus papyrus* Linn. ，莎草科莎草属

【别名】纸草、埃及莎草、蒲草。

【识别特征】多年生常绿草本植物，茎秆直立丛生、三棱形、不分枝。叶退化成鞘状，棕色，包裹茎秆基部。总苞叶状，顶生，带状披针形。花小，淡紫色，花期6—7月。

【分布习性】原产于欧洲南部、非洲北部等地，我国华南、东西、西南等地有栽培。适应能力强，喜阳光充足的环境，叶略耐阴，不耐低温，尤喜沼泽、浅水湖和溪畔等潮湿环境，有较强的防治水体污染能力。

【繁殖栽培】纸莎草多以根状茎分株繁殖为主，也可播种繁殖，播种全年均可，以春、秋季为佳。

【园林应用】茎顶分枝成球状，株形优美，适宜于庭园、公园水景边缘种植，丛植、片植均可，也可用作切花。

图 10.20　纸莎草（一）

图 10.21　纸莎草（二）

3）水葱 *Scirpus tabernaemontani* Gmel. ，莎草科藨草属

图 10.22　水葱

图 10.23　花叶水葱

【别名】莞、葱蒲、翠管草、冲天草。

【识别特征】多年生挺水植物。地下横走根茎粗壮。地上茎直立，圆柱状，中空，高50~120 cm，绿色。叶褐色，鞘状，生于茎基部。聚伞花序顶生，稍下垂，由许多卵圆形小穗组成。小花淡黄褐色，下具苞片。花果期6—9月。

【分布习性】种类甚多，广布全世界，我国约有40种，南北方均有分布。生性强健，喜生长于湖、

池水岸及沼泽或湿地草丛等浅水域中。有一定的抗污染及净化水体能力。常见栽培变种有花叶水葱（Zebrinus）。

【繁殖栽培】水葱分株繁殖可于早春气温回升时,将越冬苗掘出分割成数丛,每丛5~8茎秆。播种繁殖常于春季进行,适温20~25 ℃,3周左右即可发芽生根。

【园林应用】株丛挺立,色泽淡雅,可布置水景,甚为美观,也可作盆栽观赏。

10.7 香蒲科

香蒲 *Typha orientalis* Presl,香蒲科香蒲属

图10.24 香蒲

【别名】长苞香蒲、水蜡烛、鬼蜡烛。

【识别特征】多年生挺水植物,地下根茎粗壮、匍匐。地上茎直立,细长圆柱形,不分枝,高可达2 m。叶自茎基部抽出,灰绿色,二列状着生,长带形,长40~100 cm,宽4~9 cm,向上渐细,先端圆钝,基部鞘状抱茎。穗状花序呈蜡烛状,浅褐色。花果期5—8月。

【分布习性】产于我国,现各地广泛分布。适应能力强,喜光、耐寒,适生长于深厚、肥沃泥土中,最宜生长于沟塘、池沼之浅水处。

【繁殖栽培】香蒲多行分株繁殖。春季起蒲黄发新掘起发芽的根茎,切割成数株,每株带有根茎、须根,植于浅水处即可。

【园林应用】叶丛细长,色泽光洁,适宜点缀水池、湖畔构景,也可作盆栽布置庭院。

10.8 小二仙草科

狐尾藻

狐尾藻 *Myriophyllum verticillatum* Linn.,小二仙草科狐尾藻属

【别名】轮叶狐尾藻、粉绿狐尾藻、凤凰草。

【识别特征】多年生草本植物。根状茎发达,在水底泥中蔓延,节部生根。茎圆柱形,多分枝。叶鲜绿色,轮生或互生,长4~5 cm,丝状全裂,无叶柄。花单性,雌雄同株或杂性,无柄。果广卵形,长约3 mm。

【分布习性】世界各地广泛分布。适应能力强,喜温暖、水湿、阳光充足的气候及环境,不耐寒。

【繁殖栽培】狐尾藻以扦插繁殖为主,也可播种、分株繁殖。扦插繁殖常在春夏季节剪取5~10 cm长的茎段作插穗。播种繁殖宜春播,发芽适温20~25 ℃,幼苗能飘浮水面,可随水传播。

【园林应用】株形美观,叶色青翠,适宜喷泉、池塘、河沟、沼泽等地造景之用。

图 10.25　狐尾藻(一)

图 10.26　狐尾藻(二)

10.9　禾本科

芦竹 Arundo donax Linn. ,*禾本科芦竹属*

图 10.27　芦竹

图 10.28　花叶芦竹

【别名】荻芦竹、江苇。

【识别特征】多年生高大草本植物,具发达的根状茎。秆粗大直立,高 1~3 m,常有分枝,茎节有白粉。叶带状披针形,长 30~50 cm,宽 3~5 cm,叶面及边缘粗糙,基部微收缩紧接叶鞘,叶鞘圆筒形,叶舌极短。圆锥花序顶生,长 30~60 cm,疏散多分枝。小穗长 1~1.2 cm,具小花4~7 朵。

【分布习性】温带地区广泛分布,我国南北各地均有。常见栽培有花叶芦竹(*Arundo donax* var. *versicolor*)等。适应能力强,喜温暖及水湿环境,耐寒、耐旱、耐瘠薄及盐碱土壤。

【繁殖栽培】芦竹以分株繁殖为主,也可扦插、播种繁殖。分株多于早春用利铲沿植物四周切数丛,每丛带芽 4~5 个,随后移植即可。扦插可在春季剪取带节茎秆作插穗进行。

【园林应用】春夏叶丛翠绿,秋冬大型花穗随风摇曳,可植于池塘、湖岸及庭院水边等处,花穗也可用作切花。

10.10 美人蕉科

水生美人蕉 *Canna glauce* Linn. **,美人蕉科美人蕉属**

【别名】佛罗里达美人蕉、粉美人蕉。

【识别特征】多年生大型草本植物,株高 1~2 m。根状茎细小,节间较长。叶长披针形,蓝绿色。总状花序顶生,多花。花大,径约 10 cm,有黄、红或粉红色等。花期 4—10 月,温暖地区可全年开花。

【分布习性】原产于北美等地,我国多地有引种栽培。同属常见栽培观赏价值较高的尚有紫叶美人蕉(*Canna warszewiczii* A. Dietr.)。生性强健,适应性强,喜光、怕强风,不耐寒。适生长于潮湿及浅水等处,喜肥沃的砂质土壤,有较好的净化空气与水体能力。

【繁殖栽培】播种、分株繁殖。水生美人蕉播种繁殖宜春季进行,播前需破皮后温汤浸种。分株繁殖可于春季取出块茎,清除杂物后分割成数块,每块需具 2~3 个健壮的芽,分栽即可。

【园林应用】叶茂花繁,花色艳丽而丰富,适合配植于湿地边缘之浅水域造景,可点缀水池中,也可在庭院丛植观花观叶,或用作切花。

图 10.29 水生美人蕉

图 10.30 紫叶美人蕉

10.11 伞形科

伞形科

铜钱草 *Hydrocotyle vulgaris* Linn. **,伞形科天胡荽属**

【别名】金钱草、路边黄、野天胡荽。

【识别特征】多年生草本植物,株高 5~15 cm,走茎发达,节处生根和叶,茎顶端呈褐色。叶圆形或盾形,直径 2~4 cm,边缘波状,草绿色,具长柄。伞形花序,小花白粉色。花期 6—8 月。

【分布习性】原产于欧洲,现广泛分布热带、亚热带地区。适应能力强,喜温暖、潮湿及半阴环境,忌阳光直射,稍耐旱。适生长于松软潮湿的土壤中,也可水培。生性强健,种植容易,繁殖迅速,水陆皆可种植。

【繁殖栽培】铜钱草以扦插繁殖为主,也可分株、播种繁殖。扦插多在春季进行,保持基质湿润,1~2周即可生根。

【园林应用】株形美观、叶形独特、叶色青翠,适宜配置于水池、湿地,也可作盆栽观赏。

图 10.31　铜钱草(一)

图 10.32　铜钱草(二)

10.12　竹芋科

再力花 Thalia dealbata Fraser ex Roscoe,竹芋科水竹芋属

图 10.33　再力花(一)

图 10.34　再力花(二)

【别名】水竹芋、水莲蕉、塔利亚。

【识别特征】多年生挺水植物,株高可达 2 m,全株附有白粉。叶卵状披针形,绿色,形似芭蕉叶。复总状花序,花小,堇紫色。

【分布习性】原产于南美热带地区,我国有引种栽培。适应能力强,喜温暖、水湿及阳光充足的环境,不耐寒,耐半阴,怕干旱。适生于潮湿及浅水等处,喜肥沃的砂质土壤,有较好的净化空气与水体能力。

【**繁殖栽培**】分株、播种繁殖。再力花分株繁殖宜在早春将生长过密的株丛挖出,掰开根部,选择健壮株丛分别栽植即可。播种繁殖以春播为主,播后保持湿润,适温 15~20 ℃,约两周后萌芽。

【**园林应用**】植株高大美观,叶形硕大,叶色翠绿,是水景绿化之良品,常成片种植于水池或湿地,也可作盆栽观赏。

11 仙人掌及多浆植物

11.1 仙人掌科

1）仙人掌 *Opuntia ficus-indica*（Linn.）Mill，仙人掌科仙人掌属

图 11.1　仙人掌

图 11.2　仙人掌

【别名】仙巴掌、观音掌、霸王树、火掌。

【识别特征】多年生丛生肉质灌木植物。株高可达 5 m 以上。茎下部木质，圆柱形，直立，多分枝。茎节扁平，椭圆形，肥厚多肉；刺座内密生黄色刺；幼茎鲜绿色，老茎灰绿色。花单生茎节上部，短漏斗形，鲜黄色。浆果，暗红色。

【分布习性】大多原产于美洲热带地区，少数产于亚洲；我国广东、广西南部、四川和海南沿海地

区有分布。仙人掌性强健,喜强烈光照,耐炎热,耐干旱、瘠薄;不耐寒,冬季需保持干燥,忌水涝,对土壤要求不严,以富含腐殖质的土壤为宜。

【繁殖栽培】仙人掌可提过扦插、播种及嫁接繁殖。扦插繁殖除低温寒冷季节外都可进行,尤以5—6月最为适宜。仙人掌人工授粉后能产生种子,于春秋播种即可。嫁接主要通过髓心接的方式进行。

【园林应用】仙人掌具有嫩绿茎节,常盆栽放置宾馆、商厦、银行等公共场所,很有特色。小型盆栽点缀家庭客室、窗台和书房也十分新奇雅致,别具一格。另外,也可与山石配置,可构成热带沙漠景观。

2)蟹爪兰 *Schlumbergera truncate*（Haw.）Moran,**仙人掌科蟹爪属**

图 11.3　蟹爪兰　　　　　　　　图 11.4　蟹爪兰(花)

【别名】螃蟹兰、锦上添花、仙人花、圣诞仙人掌。

【识别特征】附生性肉质植物,常呈灌木状,多分枝,无叶。茎老时木质化,扁平而无刺,常成簇而悬垂;茎节短小,每一节间矩圆形至倒卵形,顶端截形,两侧各有尖刺,两面中央均有一肥厚中肋,连续生长的节形状如螃蟹副爪;窝孔内有时具少许短刺毛。花单生于先端之茎节处,玫瑰红色;花瓣反卷,左右对称,淡紫红色;花期12月至翌年1月,有时可延至5月。浆果梨形,红色。

【分布习性】原产于巴西,我国广东、海南和各地公园均有栽培。喜温暖、湿润的气候条件,忌积水,不耐寒,喜半阴,宜疏松、透气及富含腐殖质的土壤。夏季应适当遮阴,冬季需要充足的光照。

【繁殖栽培】嫁接、扦插繁殖。蟹爪兰的嫁接繁殖多以仙人掌为砧木,于春秋两季进行。扦插多于生长季进行,剪取蟹爪兰3~7节作插穗,次年即可开花。

【园林应用】因其节茎过长,而通常作悬吊观赏。蟹爪兰开花正逢圣诞节、元旦节,株形垂挂,花色鲜艳可爱,适合于窗台、门庭入口处和展览大厅装饰。

3)仙人指 *Schlumbergera russellianus* Britton et Rose,**仙人掌科仙人指属**

【别名】圣烛节仙人掌。

【识别特征】附生性多浆植物。多分枝,枝丛下垂。枝扁平,肉质,多节枝,每节长圆形,叶状,每侧有1~2钝齿,顶部平截;茎节边缘呈浅波状,只有刺点而锯齿不明显。花单生枝顶,花冠整齐,有多种颜色,包括紫色、红色、白色等。花期较蟹爪兰晚,约3—4月,温室盆栽花期可提前至12月。

【分布习性】原产于南美热带森林之中,世界各国多有栽培。喜温暖、湿润气候,略耐阴,宜处于半阴环境,夏季防强日直射,在夏季高温时常表现休眠,这时要少浇水。土壤宜富含有机质及排水良好。为短日照植物,冬季开花。

【繁殖栽培】同蟹爪兰。

【园林应用】仙人指茎枝悬垂,花形美丽,色泽艳丽,主要用作盆栽点缀居室、阳台、窗台等,或作棚廊挂装饰。

图11.5　仙人指　　　　　　　　　　　图11.6　仙人指(花)

4)昙花 *Epiphyllum oxypetalum*(DC.)Haw.,仙人掌科昙花属

图11.7　昙花(一)　　　　　　　　　　图11.8　昙花(二)

【别名】琼花、月下美人、夜会草、韦陀花。

【识别特征】多年生灌木。茎稍木质无刺,无叶,多分枝,老茎稍圆柱形,其余均扁平;节间甚长,近矩圆形,边缘波状,绿色。中肋坚厚而边缘波浪形。花单生,花大,纯白色,芳香,夜间开放。花期夏季,晚8—9点开放,花开放期短,仅约7 h,故有昙花一现之说。浆果红色,有纵棱。

【分布习性】原产于美洲墨西哥至巴西的热带沙漠中。喜温暖、湿润、多雾、半阴的环境。不耐寒,不耐霜冻、怕强光暴晒。宜生长于富含腐殖质、排水良好的微酸性土壤中。

【繁殖栽培】扦插、播种繁殖。昙花扦插繁殖宜春、夏季剪取健壮、肥厚叶状茎作插穗,每段插穗长 20~30 cm,削平基部,剪口稍干燥后插入素净苗床促根。播种繁殖常用于杂交育种,约需要 4~5 年方能进入花期。

【园林应用】昙花作为一种珍贵的盆栽花卉,枝叶翠绿,颇为潇洒,每逢夏秋夜深人静时,展现美资秀色。盆栽适用于点缀客室、阳台和接待厅,新奇别致,具有吸引力。南方可露地栽植,满展于架上,花开时,光彩夺目,甚为壮观。

5)令箭荷花 *Nopalxochia ackermannii* Br. et Rose.,仙人掌科令箭荷花属

【别名】孔雀仙人掌、孔雀兰、红花孔雀。

【识别特征】为常绿附生仙人掌类。灌木状、主干细圆。茎扁平、披针形、缘具疏锯齿、齿间有短刺。嫩枝边缘为紫红色,基部疏生毛。花着生在茎先端两侧,花色有紫、粉、红、黄、白色等;花呈钟状,花被开张而翻卷;花丝及花柱均弯曲,甚美;花被开张,反卷,花丝及花柱均弯曲,花形尤为美丽。花白天开放,花期 4 月,单花开 1~2 d。浆果。

【分布习性】喜温暖、湿润环境,也有一定耐旱能力。不耐寒,冬季需要足够的光照,夏季要适当地遮阴。喜肥沃、疏松、排水良好的微酸性腐质土壤。

【繁殖栽培】扦插、嫁接繁殖。令箭荷花扦插法繁殖除低温寒冷季节外均可进行,尤以夏季最好。嫁接繁殖多取生长健壮的仙人掌为砧木,于气温 15 ℃以上即可进行,气温 20~25 ℃嫁接成活率最高。

【园林应用】令箭荷花花色鲜艳,花形美丽,花期长,性强健,生长快,是重要的室内观赏盆栽花卉,多用于布置阳台。

图 11.9 令箭荷花

图 11.10 令箭荷花(花)

6)金琥 *Echinocactus grusonii* Hildm.,仙人掌科金琥属

【别名】黄刺金琥、象牙球、金琥仙人球。

【识别特征】为多年生肉质植物。茎球形,单生或成丛,高可达 1.3 m,直径 80 cm 或更大。球顶密被金黄色绵毛。有棱 21~37,显著。刺座很大,密生硬刺,刺金黄色,后变褐,有辐射刺 8~

10,中刺3～5,较粗,稍弯曲。6—10月开花,花生于球顶部绵毛丛中,钟形,黄色。

【分布习性】原产于墨西哥中部圣路易波托西至伊达尔戈干燥炎热的沙漠地带。喜温暖、干燥、光照充足的气候环境,夏季应适当遮阴。喜石灰质土壤,忌湿,畏寒。土壤宜肥沃、疏松和含石灰质的砂质土壤。

【繁殖栽培】播种、嫁接、分株繁殖。金琥播种繁殖宜选用当年采收的种子,秋播或次春播种。播前浸种催芽,7～10 d即可发芽。嫁接繁殖多取三棱箭作砧木,秋季进行为宜。

【园林应用】金琥形大而端庄,金刺夺目,尤其成年大金琥花繁球壮,金碧辉煌,观赏价值很高,适于地栽群植,布置专类园。小型个体适宜独栽,置于书桌、几案点缀室内。也作沙生植物园材料。

图 11.11　金琥(群体景观)

图 11.12　金琥(盆栽)

7) 山影拳 Cereus pitajaya DC.,仙人掌科仙人柱属

【别名】山影、仙人山。

【识别特征】多年生肉质植物,常规栽培的株高20～50 cm,多分枝。茎暗绿色,具褐色刺,肥厚,无叶片,直立或长短不一;茎上有纵棱或钝棱角,被有短绒毛或刺,堆叠式成簇生于柱状肉质茎上。植株的生长锥分布不规律,外形呈岩石状。

【分布习性】原产于西印度群岛、南美洲北部及阿根廷东部。喜温暖、干燥和阳光充足的环境。耐旱,耐贫瘠,也耐阴。宜生长于排水良好、稍干燥、肥沃、富含石灰质的砂质土壤中。

【繁殖栽培】山影拳扦插繁殖极为容易,全年均可进行,尤以4—5月为好,适温14～25 ℃,约3周即可生根。

【园林应用】宜盆栽,可布置厅堂、书室或窗台、茶几等。装点客厅、书房或窗台,清雅别致、自成风格,还可作沙生植物园材料。

图 11.13 山影拳

图 11.14 山影拳（花）

11.2 景天科

1）八宝景天 *Sedum spectabile* Boreau.，景天科景天属

【别名】长药八宝、华丽景天、长药景天、大叶景天、蝎子草。

【识别特征】多年生草本植物。株高 30～50 cm。茎直立，丛生，不分枝。全株略被白粉，呈灰绿色。叶肉质，轮生或对生，倒卵形，边缘具波状齿。伞房状聚伞花序，小花密集如平头状，花桃红色，常见栽培的尚有白色、紫红色、玫红色品种。花期 8—9 月。

【分布习性】原产于中国东北地区以及河北、河南、安徽、山东等省，生长在山坡草地。性喜强光和干燥、通风良好的环境。耐旱、耐寒，能耐 -20 ℃低温；喜排水良好的土壤，耐贫瘠，忌积水。

【繁殖栽培】分株、扦插繁殖。八宝景天分株繁殖多于春、秋季进行。扦插繁殖主要于生长季进行，适温 21～25 ℃，避开雨季，成活率更高。播种繁殖多春季撒播，约 4 天后可出苗。

【园林应用】八宝景天叶丛翠绿，花色艳丽，花密成片，适合布置花坛、花境和点缀草坪、岩石园。也可作地被植物，适宜缺水地区的园林绿化，可填补夏季花卉在秋季凋萎没有观赏价值的空缺，部分品种冬季仍然有观赏效果。

图 11.15　景天

图 11.16　景天(花)

2)玉树 *Crassula arborescens* Willd.,景天科青锁龙属

图 11.17　玉树

图 11.18　玉树(花)

【别名】燕子掌、景天树、万年青、玻璃翠。

【识别特征】多年生肉质植物。灌木,株高 1～3 m。茎肉质,分枝多,表皮绿色或者黄褐色,叶片上有小点点。叶肉质,对生,在茎或分枝顶端密生长,长卵形,稍内弯,轻微有叶尖,叶色绿色至红绿色,有光泽。温差大的时候叶片的边缘呈红色,叶心绿色,非常美丽,控水和强光照射下整个植株呈现非常漂亮的红绿色。花期春末夏初,小花白色或白粉色,异株授粉,不易开花。

【分布习性】原产于非洲南部地区。玉树喜温暖、干燥和阳光充足的环境。不耐寒,怕强光,稍耐阴。土壤以肥沃、排水良好的土壤为好。冬季温度不低于 7 ℃。

【繁殖栽培】玉树宜扦插繁殖,于生长季节剪取肥厚充实的顶端枝条,长 8～10 cm,稍晾干后插入沙床,约 3 周生根。也可用单叶扦插,约 4 周可生根。

【园林应用】玉树花树冠挺拔秀丽,茎叶碧绿,顶生白色花朵,十分清雅别致。在热带地区是极好的庭院植物。盆栽茎干基部膨大,枝叶繁茂,形成树桩盆景,若配以盆架、石砾加工成小型盆景,装饰茶几、案头更为诱人。

3) **长寿花** *Kalanchoe blossfeldiana* Poelln.,景天科伽蓝菜属

长寿花

【别名】矮生伽蓝菜、圣诞伽蓝菜、寿星花、家乐花、伽蓝花。

【识别特征】多年生常绿肉质草本。株高 20～30 cm,单叶,叶肉质交互对生,椭圆形,深绿色有光泽,边略带红色,边缘具齿。花茎细长;圆锥状聚伞花序,花平展和稍下垂;花色红、橙红、黄等多种颜色;花期 12 月至翌年 4 月底。蓇葖果。

【分布习性】原产于马达加斯加,世界各地均有栽培。性极强健,喜温暖、稍湿润和阳光充足的环境。不耐寒,耐干旱,对土壤要求不严,以排水良好的土壤为好。

【繁殖栽培】长寿花多扦插繁殖为主,也可组织培养。扦插繁殖多于夏秋进行,剪取稍成熟的肉质茎作插穗,穗长 5～6 cm,土温 15～20 ℃,约 3 周后生根。也可叶片扦插。

【园林应用】长寿花植株小巧玲珑,株形紧凑,叶片晶莹透亮,花朵稠密艳丽,观赏效果极佳,加之开花期在冬、春少花季节,花期长又能控制,为大众化的优良室内盆花。可布置窗台、书桌、案头,十分相宜。也可用于公共场所的花槽、橱窗和大厅等,烘托节日气氛。

图 11.19 长寿花(一)　　　图 11.20 长寿花(二)

4) **宝石花** *Echeveria glauca* Bak.,景天科石莲花属

【别名】石莲花、石胆草、粉莲、胧月、初霜。

【识别特征】多年生草本植物。叶全部基生,莲座状,外层叶具长柄,内层叶无柄;叶片革质,宽倒卵形、扇形,稀近卵形。叶似玉石,集聚枝顶,排成莲座状。聚伞花序,花冠筒状,蓝色、紫蓝色;蒴果长圆形。花期 6—7 月,果期 8 月。

【分布习性】原产于墨西哥,云南、四川及西藏东南部。常生长在山坡及林缘岩石石缝中,适应力极强。喜温暖、干燥和阳光充足的环境,不耐寒、耐半阴,怕积水,忌烈日。以肥沃、排水良好的土壤为宜。

【繁殖栽培】宝石花可分株、扦插繁殖。分株即将蘗生小株分栽即可,最宜春季进行。扦插繁殖四季均可进行,以秋季更好。插穗可用单叶、蘗枝或顶枝,插后约 20 d 左右可生根。

【园林应用】宝石花是美丽的观叶植物,适宜作盆花、盆景。植株小巧,形如莲花,玲珑翠艳,不是鲜花而胜于鲜花,极有观赏价值及药用价值。置于桌案、几架、窗台、阳台等处,充满趣味,如同有生命的工艺品,是近年来较流行的小型多肉植物。

图 11.21　宝石花

图 11.22　宝石花(花)

5)翡翠景天 Sedum morganianum E. Walther,景天科景天属

图 11.23　翡翠景天(一)

图 11.24　翡翠景天(二)

【别名】串珠草、千佛手、菊丸。

【识别特征】整个植株浅绿色,只要栽培得当,串珠状的茎、叶悬垂铺在花盆四周,显得格外雅致。

【分布习性】原产于墨西哥干旱、阳光充足的亚热带地区。为多年生肉质植物。喜温暖、半阴环境,忌强光直射,宜于疏松砂土壤生长。室内盆栽,多选用草炭土、细沙等量混合配制的培养土。

【繁殖栽培】翡翠景天主要通过扦插法繁殖,全年都可进行,尤以茎叶生长期最好。可取肉质小叶、带叶茎作插穗,环境适宜,约4周可生根。

【园林应用】植株株形特别,很像人工制作的玛瑙串珠,作室内盆栽可以美化居室环境,通常作悬吊观赏、置于向阳窗前。

6)费菜 *Sedum aizoon* (Linn.) t Hart. ,景天科景天属

【别名】土三七、四季还阳、景天三七、长生景天、金不换、田三七。

【识别特征】多年生草本植物。根状茎短,直立,无毛,不分枝。叶互生,狭披针形、椭圆状披针形至卵状倒披针形,先端渐尖,基部楔形,边缘有不整齐的锯齿;叶坚实,近革质。聚伞花序有多花,水平分枝,平展,花黄色。种子椭圆形。花期6—7月。果期8—9月。

【分布习性】产于四川、湖北、江西、安徽、浙江、江苏、青海、宁夏、甘肃等地。稍耐阴,耐寒,耐干旱瘠薄,在山坡岩石上和荒地上均能旺盛生长。

【繁殖栽培】分株、扦插、播种繁殖。费菜分株繁殖多于早春挖出根部,分切成数株,每株至少带2个以上根芽,另行栽植即可。扦插繁殖宜夏季剪取生长粗壮的嫩茎作插穗,2~3周可生根。播种繁殖宜将种子干藏至次年春播。

【园林应用】费菜株丛茂密,枝翠叶绿,花色金黄,适应性强,适宜用于城市中一些立地条件较差的裸露地面作绿化覆盖。

图 11.25　费菜

图 11.26　费菜(地被)

7)垂盆草 *Sedum sarmentosum* Bunge ,景天科景天属

【别名】狗牙半支、石指甲、半支莲、养鸡草、狗牙齿、瓜子草。

【识别特征】多年生草本植物。株高10~20 cm。不育枝匍匐,节上易生根,花茎直立。叶3片轮生,倒披针形至长圆形,先端近急尖,基部急狭,有距。聚伞花序松散,常3~5分枝,花少,黄色。种子卵形,花期5—7月,果期8月。

【分布习性】分布于长江中下游及东北地区。性喜温暖、湿润、半阴的生长环境。较耐旱、耐寒、

耐瘠薄。不择土壤,在疏松的砂质土壤中生长较佳。

【繁殖栽培】分株、扦插繁殖。垂盆草分株繁殖宜在早春进行,扦插随时皆可。

【园林应用】垂盆草作为草坪草的优良性状以及耐粗放管理的特性值得在屋顶绿化、地被、护坡、花坛、吊篮等城市景观工程中进行广泛推广应用,并可作为北方屋顶绿化的专用草坪草。还可盆栽作垂吊观赏,置于窗台、走廊等。

图 11.27　垂盆草

图 11.28　垂盆草(地被)

8) **落地生根** *Bryophyllum pinnatum*(Linn. f.)Oken,**景天科伽蓝菜属**

图 11.29　落地生根

图 11.30　落地生根(不定芽)

【别名】花蝴蝶、倒吊莲、土三七、灯笼花。

【识别特征】多年生肉质草本植物。全株蓝绿色,茎单生,直立,褐色。叶交互对生中,叶片肉质,长三角形,具不规则的褐紫斑纹,边缘有粗齿,缺刻处长出不定芽。复聚伞花序、顶生,花钟形,橙色。花期3—5月,果期4—6月。

【分布习性】原产于印度及我国南部地区。各地温室和庭园常栽培。性强健,喜温暖、不耐寒,耐干旱,喜光,稍耐阴,喜通风良好的环境,宜排水、疏松、肥沃的砂质土壤。

【繁殖栽培】扦插、不定芽繁殖。落地生根的扦插以夏季最好,枝插、叶插均可。不定芽繁殖即将叶缘的不定芽切离,另行栽植。

【园林应用】多用于盆栽,是窗台绿化的好材料,用来点缀书房和客室也极具雅趣。南方露地可配置岩石园或花镜,是常见的盆栽花卉。

11.3 茜草科

1）虎刺 *Damnacanthus indicus*（Linn.）Gaertn. F. ,茜草科虎刺属

【别名】刺虎、伏牛花、绣花针、黄脚鸡、鸟不宿。

【识别特征】常绿小灌,具肉质链珠状根。植株矮小,多分枝,树干细而挺直,枝叶横向生长,自然成云片状。小叶对生,叶柄间有细直的针状刺,叶片卵形,绿色,革质,表面有光泽。花白色,漏斗状,顶端4裂,4—5月开放。核果小球形,初为绿色,秋季成熟后呈鲜红色,经冬不落,可观赏到第二年的3—4月。

【分布习性】多生于阴山坡林下和溪谷两旁灌丛中。生境幽闭,喜散射光,喜较肥沃的砂质或黏质的微酸性土壤,喜湿,怕涝,忌温差过大,不耐寒。盆栽应注意水分和光照,忌大肥,适当的光照可以促进开花结果。

【繁殖栽培】虎刺可通过播种、分株、扦插进行繁殖。播种繁殖以春播为主。分株繁殖多春季、秋季进行。扦插繁殖成活率高气温10 ℃以上均可进行,以夏季最好。插穗剪取后置阴凉处2～3 d后扦插,可提高成活率。

【园林应用】虎刺株形玲珑清秀,枝叶细小稠密,秋、冬季节红果如珠,是制作盆景,尤其是小型、微型盆景的良好树种。

图 11.31 虎刺（一）

图 11.32 虎刺（二）

2）龙船花 *Ixora chinensis* Lam. ,茜草科龙船花属

【别名】英丹、仙丹花、百日红。

【识别特征】常绿小灌木,老茎黑色有裂纹,嫩茎平滑无毛。聚伞形花序顶生,花序具短梗,有红色分枝。叶对生,几乎无柄,薄革质或纸质。浆果近球形,熟时红黑色。

【分布习性】产于中国台湾、福建、广西等地。喜温暖、湿润和阳光充足的环境。不耐寒,耐半阴,不耐水湿和强光。土壤以肥沃、疏松和排水良好的酸性砂质土壤为佳。

【繁殖栽培】扦插繁殖为主,也可播种、压条繁殖。龙船花扦插繁殖以夏季进行为好,取半成熟枝条作插穗,6周左右即可生根。播种繁殖宜秋冬采种,春季播种,发芽适温20～25 ℃,3周左右发芽。

【园林应用】龙船花花期很长,而且花序的排列相当美观,颜色也较艳丽,因此最常被用来当作盆栽来美化庭园。在南方露地栽植,适合庭院、宾馆、风景区布置。也可作盆栽,适于窗台、阳台和客室摆设。

图11.33　龙船花(一)

图11.34　龙船花(二)

11.4　大戟科

1)绿玉树 *Euphorbia tirucalli* Linn.,大戟科大戟属

【别名】光棍树、绿珊瑚、青珊瑚、铁树、铁罗、龙骨树。

【识别特征】热带灌木或小乔木,可高达6～9 m。枝干圆柱状绿色,分枝对生或轮生。主干和分枝木质化褐色,嫩枝绿色圆筒状,像很多铅笔,叶片小,早落,通常被称为花的部分其实是瓣状苞片,真正的花在苞片中间不明显。花为杯状聚伞花序生于枝顶或节上有短总花梗,果实为蒴果,暗黑色。种子呈卵形。蒴果暗褐色,被毛。

【分布习性】绿玉树原产非洲,在美国、马来西亚、印度、英国、法国等许多热带和亚热带地区,以及我国南方也有分布。绿玉树性状强健,耐旱、耐盐和耐风,喜温暖,好光照,耐半阴,在贫瘠的土壤也可生长,但以排水良好的土壤为佳。在南方温暖地带可以露地栽培,在长江流域及以北地区宜温室越冬。

【繁殖栽培】绿玉树可通过扦插、组培进行繁殖。扦插繁殖多在夏季进行,剪取肥厚充实的顶端枝条作插穗,约3周生根。也可单叶扦插,约4周生根。

【园林应用】绿玉树茎干秃净、光滑,圆柱状,无叶片,是较为奇异的观茎植物。可盆栽作室内陈设装饰。

图 11.35　绿玉树（花）

图 11.36　绿玉树（茎干）

2）霸王鞭 *Euphorbia royleana* Boiss. ,大戟科大戟属

图 11.37　霸王鞭

图 11.38　霸王鞭（叶）

【别名】火殃筋。

【识别特征】多年生肉质小乔木。株高 4 ~ 7 m,茎干肉质、粗壮,具五棱,后变圆形。分枝螺旋状轮生,浅绿色,后变灰,具黑刺。叶片多浆,革质,倒卵形,基部渐狭,浅绿色。茎叶含白色乳汁。

【分布习性】产于印度,世界各地多有栽培。喜温暖、干燥和阳光充足的环境,耐干旱、耐高温,不耐寒;喜疏松、排水良好的砂质土壤。

【繁殖栽培】霸王鞭常扦插繁殖,多于生长期进行,插后置半阴处,适温20~25℃,不浇水、稍喷雾,保持盆土湿润,约6周可生根。

【园林应用】霸王鞭株形高大优美,叶片繁茂,肥厚柔嫩。盆栽适合放置在茶几或阳台上,观赏效果极佳。南方常布置小庭院或作篱笆,别具一格。

11.5　番杏科

1) 生石花 *Lithops pseudotruncatella* N. E. Br, 番杏科生石花属

【别名】石头花、石头草、小牛蹄、屁股花、屁屁花。

【识别特征】多年生小型多浆植物。茎呈球状,较短。由两片对生的肉质变态叶连结而成倒圆锥体,顶部近卵圆形,稍有凸起,中间有一条小缝隙,整个形体酷似卵石。依品种不同,其顶面色彩和花纹各异,通常午后开放,傍晚闭合,次日后仍然开放。秋季开大型黄色或白色花。

【分布习性】原产于南非开普州。喜温暖、干燥和阳光充足的环境。怕低温和长期淋雨,忌阳光暴晒。宜生长于疏松、肥沃和排水良好的中性土壤。

【繁殖栽培】生石花可通过播种、分株进行繁殖。播种繁殖主要在春季进行,适温15~25℃,约两周后发芽。分株繁殖较为简便,于秋季分栽幼株即可。

【园林应用】生石花株形小巧玲珑,形姿奇特,植于石丛中,与卵石难以分辨,适合在岩石园石缝中栽植。也可作盆栽作观赏,似晶莹的宝石闪烁着光彩,点缀客室、书桌或窗台,十分清新幽雅;或布置沙生植物园。

图 11.39　生石花(植于石丛中)　　　　图 11.40　生石花(花)

2) 肉锥花 *Conophytum auriflorum* Tisch. , 番杏科肉锥花属

【识别特征】多年生肉质草本植物,无茎,叶多肉质,根上面直接长有一对肉质对生叶,球形或圆锥形,其下部联合,叶顶饱满肉质透明,有深浅不一的裂缝。花粉红色、白色或黄色,秋天开花。夏季休眠。

【分布习性】肉锥花的绝大多数品种产于南非,喜凉爽、干燥和阳光充足的环境,怕酷热,怕水

涝,耐干旱,不耐寒冷。

【繁殖栽培】同生石花。

【园林应用】肉锥花属品种繁多,杂交种类非常丰富,形态可爱,植株小巧,是非常受欢迎的家庭盆栽种类。

图11.41　肉锥花

图11.42　肉锥花(花)

11.6　百合科

芦荟

1) *芦荟 Aloe vera*（Linn.）*Burm. f.*,*百合科芦荟属*

图11.43　芦荟

图11.44　芦荟(花)

【别名】草芦荟、油葱、龙角、狼牙掌。

【识别特征】常绿肉质多年生草本植物。有短茎。叶肥厚多汁,条状披针形,粉绿色,呈座状或生于茎顶,边缘有尖齿状刺。总状花序具几十朵花,单生或稍分枝,花冠筒状;花黄色,具有红色斑点。

【分布习性】芦荟原产印度和马来西亚一带,非洲大陆和热带地区都有野生芦荟分布。我国东南、华南、西南等地多有栽培,并可偶见野生芦荟分布。喜温暖、干燥和阳光充足的环境。不耐寒,耐干旱和半阴。宜肥沃、疏松和排水良好的土壤。

【繁殖栽培】芦荟常分株繁殖,即将芦荟幼株从母体分离出来,另行栽植,生长期都可进行,但以春秋两季最宜。

【园林应用】芦荟四季常青,冬季开花,多盆栽,适于点缀厅室,布置庭院,既可观赏又可作保健药品。南方可绿地栽培,作为地被植物,也可布置沙生植物园。

2)**条纹十二卷** *Haworthia fasciata*（Willd.）Haw,**百合科十二卷属**

【别名】雉鸡尾、锦鸡尾、十二卷、蛇尾兰。

【识别特征】多年生肉质植物。植株矮小,肉质叶坚硬,叶片大多数呈莲座状排列,无茎。叶数多,三角状披针形,稍直立,上部内弯,叶背凸起,呈龙骨状,绿色,条纹十二卷具有大的白色疣状突起,排列呈横条纹。总状花序,小花白绿色。

【分布习性】原产于南非。喜温暖、干燥的环境,耐干旱,怕水涝,适宜在半阴或充足而柔和的阳光下生长。忌烈日暴晒和强光。宜肥沃、疏松和排水良好的砂质土壤。

【繁殖栽培】条纹十二卷宜分株繁殖,全年均可进行,常结合春季换盆进行,剥下母株周围之幼株另行栽植即可。扦插可于夏季剪取肉质叶作插穗,约3周可生根。

【园林应用】多用作盆栽,肥厚的叶片相嵌着带状白色星点或条纹,清新高雅。可配以造型美观的盆钵,装饰桌案、茶几,小巧可爱。

图 11.45　条纹十二卷

图 11.46　点纹十二卷

11.7　天门冬科

酒瓶兰 *Beaucarnea recurvata* Lem.,**天门冬科酒瓶兰属**

【别名】象腿树,假叶树科。

【识别特征】多年生肉质植物。茎干直立,基部肥大,状似酒瓶,可以储存水分。叶线形,簇生于干顶,全缘或细齿缘,软垂状,革质而下垂,叶缘具细锯齿。圆锥状花序,花小白色,10 年以上的植株才能开花。

【分布习性】产于墨西哥。喜温暖、湿润及阳光充足的环境,较耐旱、耐寒。喜肥沃土壤,在排水通气良好、富含腐殖质的砂质土壤上生长较佳。

【繁殖栽培】酒瓶兰可播种、扦插法进行繁殖。播种繁殖,春秋均可。扦插繁殖既可嫩枝扦插,也可硬枝扦插。

【园林应用】酒瓶兰为观茎赏叶花卉,用其布置客厅、书室,装饰宾馆、会场,都给人以新颖别致的感受。它可以多种规格栽植作为室内装饰:以精美盆钵种植小型植株,置于案头、台面,显得优雅清秀;以中大型盆栽种植,用来布置厅堂、会议室、会客室等处,极富热带情趣,颇耐欣赏。

图 11.47　酒瓶兰

图 11.48　酒瓶兰(花)

11.8　夹竹桃科

沙漠玫瑰 Adenium obesum subsp. *somalense.*,*夹竹桃科沙漠玫瑰属*

【别名】天宝花。

【识别特征】多肉灌木或小乔木,株高 30～80 cm,枝干肥厚多肉。叶肉质,簇生,集生枝端,倒卵形至椭圆形,全缘,先端钝而具短尖,近无柄。茎粗,肉质化,茎基十分膨大,呈块状。花顶生,聚伞花序,漏斗性,5 瓣,春末开花,花色多样,桃红、深红、粉红或粉白等。

【分布习性】产于非洲北部及阿拉伯半岛沙漠。喜高温、干燥和阳光充足的环境,耐酷暑,不耐寒,喜富含钙质的、疏松透气的、排水良好的砂质土壤,不耐荫蔽,忌涝,忌浓肥和生肥,畏寒冷,生长适温 25～30 ℃。

【繁殖栽培】播种、扦插繁殖。沙漠玫瑰的扦插繁殖以夏季软枝扦插最好,3～4周即可生根。

【园林应用】沙漠玫瑰植株矮小,树形古朴苍劲,根茎肥大如酒瓶状。每鲜红妍丽,形似喇叭,极为别致,深受人们喜爱。南方地栽布置小庭院,古朴端庄,自然大方。盆栽观赏,装饰室内阳台别具一格。沙漠玫瑰习性强健,开花美丽,除适宜温室布置外,也很适合家庭栽培。夏日时红花绿叶再加肥硕的茎枝,十分有趣。

图 11.49　沙漠玫瑰(叶)

图 11.50　沙漠玫瑰(花)

11.9　萝藦科

吊金钱 *Ceropegia woodii* Schltr.,萝科吊灯花属

【别名】腺泉花、心心相印、可爱藤、鸽蔓花、爱之蔓、吊灯花。

【识别特征】多年生肉质草本植物,茎细长下垂,节间长2～8 cm。叶肉质对生,心形成肾形、肉质、银灰色,花淡紫红色,蕾期形似吊灯,盛开时貌似伞形。叶面暗绿,叶背淡绿,叶面上具有白色条纹,其纹理好似大理石,叶腋常生有块状肉质珠芽。从茎蔓看,好似古人用绳串吊的铜钱,故名"吊金钱"。聚伞花序,褐色,花期7～9月。

【分布习性】原产于南非,我国各地多有引种。性喜温暖、向阳、气候湿润的环境,耐半阴,怕炎热,忌水涝。要求疏松、排水良好、稍为干燥的土壤。

【繁殖栽培】扦插、分株繁殖。吊金钱多用扦插、压条或分株法繁殖。扦插繁殖极易成活,温度15 ℃以上均可进行,叶插、茎插均可,环境合适2周即可生根。分株繁殖可结合早春换盆时进行。

【园林应用】本品乃观叶、观花、观姿俱佳花卉。多作吊盆悬挂或置于几架上,使茎蔓绕盆下垂,飘然而下,密布如帘,随风摇曳,风姿轻盈。也可用金属丝扎成造型支架,引茎蔓依附其上,做成各种美丽图案,实是极佳的装饰盆花。吊金钱常用塑料吊盆栽植,常悬于门侧、窗前,茎蔓随风飘摆,十分有趣;用陶瓷盆栽置于室内墙角、高花架上或书柜顶上,其茎蔓下垂,可长达150 cm,飘洒自如,十分令人喜爱。

图 11.51 吊金钱

图 11.52 吊金钱（花）

11.10 马齿苋科

树马齿苋 *Portulacaria afra* Jacq. ，马齿苋科马齿苋树属

图 11.53 树马齿苋

图 11.54 树马齿苋（花）

【别名】金枝玉叶、银杏木。

【识别特征】为多年生常绿肉质灌木，茎肉质，多分枝，老茎紫褐色至浅褐色，分枝近水平，新枝在阳光充足的条件下呈紫红色，若光照不足，则为绿色。叶片对生，呈倒卵状三角形，叶端截形，

叶基楔形,肉质,叶面光滑,鲜绿色。花小,粉红色,少见开花。

【分布习性】原产于南非。喜温暖、干燥和阳光充足的环境,耐干旱和半阴,不耐涝。夏季高温时可适当遮光,以防烈日暴晒,并注意通风。

【繁殖栽培】扦插繁殖为主,也可播种繁殖。树马齿苋扦插繁殖可于夏季剪取茎作插穗,置于阴凉处晾数日,待切口干燥后进行扦插。

【园林应用】以观叶为主,可吊盆栽植,也是制作盆景的好材料。

11.11　菊　科

翡翠珠 *Senecio rowleyanus* Jacobsen,菊科千里光属

【别名】情人泪、佛珠吊兰、翡翠珠、绿之铃、绿铃。

【识别特征】多年生常绿蔓性植物。叶近球形,互生,生长较疏,圆心形,深绿色,肥厚多汁,似珠子,具一半透明的线条,先端有尖头。茎纤细,具有地下根茎。花小,头状花序,顶生,呈弯钩形,花白色或褐色,花蕾是红色的细条。花期12月至翌年1月。

【分布习性】原产于非洲南部,在世界各地广为栽培。性喜温暖、湿润、半阴的环境,也较耐旱、耐寒。喜富含有机质的、疏松肥沃的土壤。

【繁殖栽培】翡翠珠茎蔓极易生根,宜扦插繁殖,常于春秋剪下茎作插穗,2~3周即可生根。

【园林应用】翡翠珠用小盆悬吊栽培,极富情趣,一粒粒圆润、肥厚的叶片,似一串串风铃在风中摇曳,是家庭悬吊栽培的理想花卉。

图 11.55　翡翠珠

图 11.56　翡翠珠(花)

12 兰科花卉

兰科花卉

1) 春兰 Cymbidium goeringii（Rchb. f.）Rchb. f.，兰科兰属

图 12.1 春兰

图 12.2 春兰（复色花）

【别名】朵兰、山兰、草兰。

【识别特征】多年生常绿草本植物。地生性，根肉质、白色。假鳞茎球形，较小，完全包存于叶基之内。叶 4～6 枚丛生，叶脉明显，狭带形，边缘粗糙。花葶直立，有鞘 4～5 片。花包片很长，开1～2 朵花，花色通常以绿色和黄绿色为主，花被上有紫红色条纹或斑点，有芳香，花期 2—3 月。

【分布习性】多产于温带地区，主要分布在我国江浙一带，安徽、江西、湖南、湖北、重庆、四川、贵州、云南等地也有分布；日本与朝鲜半岛南端也有分布。春兰属半阴性植物，要求通风好、具遮阴设施，切忌日光直射或暴晒。土壤以富含腐殖质、疏松、透气、保水、排水良好、潮湿而不过湿的微酸性为最好。

【繁殖栽培】春兰可分株、播种、组培等法繁殖。分株繁殖多在春兰有 6 苗以上时,结合换盆进行。播种较难发芽,需借助兰菌或人工培养基供给养分,促进萌发。

【园林应用】为我国主要传统名花,是高洁、清雅的象征。有悠久的栽培历史,多进行盆栽,作为室内观赏用,开花时有特别幽雅的香气,全年均有花,故为室内布置的佳品,其根、叶、花均可入药。

2) **蕙兰** *Cymbidium faberi* Rolfe,兰科兰属

【别名】夏兰、九节兰。

【识别特征】多年生草本植物。地生性,根肉质,淡黄色。假鳞茎卵形。叶 5 ~ 13 枚丛生,长 35 ~ 80 cm,宽 0.5 ~ 1.5 cm,叶片脉纹粗多而明显,叶缘锯齿明显而较粗。花葶直立而长,着花 6 ~ 15 朵,多黄绿或翠绿色,舌瓣上有绿丝绒苔,上缀许多紫红色点块,花通常香气浓郁。花期多在 4—5 月,有许多栽培品种。

【分布习性】蕙兰原产中国,是我国栽培最久和最普及的兰花之一,分布较广,主要产地为江浙、川贵和湖北大别山。本种名贵品种甚多,以浙江产者最为著名。蕙兰比较耐寒、耐干、喜阳。

【繁殖栽培】蕙兰以分株繁殖为主,一般选择种植 2 ~ 3 年的壮苗为母株,春季 3—4 月或秋季 9—10 月进行为宜。

【园林应用】蕙兰是珍稀物种,为国家二级重点保护野生物种,园林应用中作为名贵盆花,供室内陈列;花、叶均可入药,花可食,也可用以插花或熏茶。

图 12.3　蕙兰

图 12.4　蕙兰(花)

3) **大花蕙兰** *Cymbidium hookerianum* Rchb. F. ,兰科兰属

【别名】喜姆比兰、蝉兰、东亚兰。

【识别特征】大花蕙兰是兰科兰属中许多大花附生原种和杂交种类的总称。常绿多年生附生草本,假鳞茎粗壮。叶丛生,带状,革质。根系发达,多为圆柱状,肉质,粗壮肥大。花大型,直径为 6 ~ 10 cm,花色有白、黄、绿、紫红或带有紫褐色斑纹。不香或有丁香型气味,花期长达 50 ~ 80 d。蒴果,种子较小,种子内的胚通常发育不完全,几乎无胚乳,在自然条件下很难萌发。

【分布习性】原产于我国西南地区。常野生于溪沟边和林下的半阴环境。喜凉爽、湿润、昼夜温差大的环境和疏松、透气、排水好、肥沃的微酸性基质。对水中的钙、镁离子较敏感,以雨水浇灌最为理想。

【繁殖栽培】同蕙兰。

【园林应用】主要用作盆栽观赏和切花。适用于室内花架、阳台、窗台摆放,典雅豪华,气派非

凡,惹人注目。

图 12.5 大花蕙兰

图 12.6 大花蕙兰(花)

4)建兰 *Cymbidium ensifolium*(Linn.)Sw.,兰科兰属

图 12.7 建兰

图 12.8 建兰(花)

【别名】夏兰、秋兰、雄兰、四季兰。

【识别特征】多年生常绿草本植物。地生性,假鳞茎较小。叶 2 ~ 6 枚,带形,有光泽。花葶从假鳞茎基部发出,直立,具 3 ~ 9 朵花;花常有香气,色泽变化较大,通常为浅黄绿色而具紫斑;蒴果狭椭圆形,花期通常为 6—10 月。

【分布习性】建兰产地较广,广泛分布于东南亚和南亚各国,北至日本。我国北纬 30 度以南的山林间皆有,一般群生于海拔 300 ~ 400 m 的混交林中,如安徽、浙江、江西、福建、台湾、湖南、广东、海南、广西、四川西南部、贵州和云南。性喜阴,忌阳光直射,喜湿润,忌干燥,对土壤要求较高,富含腐殖质的砂质土壤,排水性能良好,微酸性的松土或含铁质的土壤,pH 值以5.5~6.5为宜。

【繁殖栽培】建兰分株繁殖为主,多采用脱盆分株法,即分株前要少浇水,选取至少有 5 个假球茎的粗壮的茎进行切离、分栽。

【园林应用】建兰栽培历史悠久,品种繁多,在我国南方栽培十分普遍,是阳台、客厅、花架和小庭院台阶陈设佳品,显得清新高稚,因其极高的观赏性而被兰友广为追捧。全草可入药。

5）墨兰 *Cymbidium sinense* (Jackson ex Andr.) Willd.,兰科兰属

图 12.9　墨兰

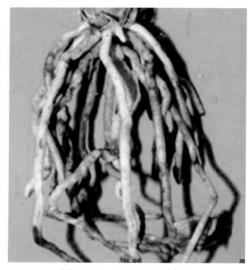

图 12.10　墨兰(肉质根)

图 12.11　墨兰(花)

图 12.12　墨兰(花苞)

【别名】报岁兰。

【识别特征】常绿草本植物,地生性,假鳞茎椭圆形。根粗壮而长。叶 4~5 枚丛生,剑形,近革质,深绿色,具光泽。花葶直立较粗壮,高出叶面,有花 7~17 朵,苞片中,基部有蜜腺。萼片狭披针形,淡褐色有 5 条紫脉,花瓣较短而宽,向前伸展,在蕊柱之上;唇瓣三裂不明显,端下垂反

卷,两条黄色褶片,几乎平行。花期较长,从 10 月到翌年 10 月。品种甚多,少数在秋季开花。

【分布习性】分布于福建、台湾、广东、广西、云南等省区,缅甸、印度也有分布。墨兰是一种地生兰类。要求雨量充沛和腐殖质丰富的微酸性(pH 5.5 ~ 6.5)土壤。生长在荫蔽度高达 90% 的林荫下,相对空气湿度要求 90% 左右。一般情况下以盆土含水量 15% ~ 20% 为宜。忌强光。

【繁殖栽培】墨兰可分株、组培繁殖。分株繁殖主要在休眠期进行,分割其丛生的假鳞茎,切割为 2 ~ 3 个一株,另行栽种。

【园林应用】墨兰现已成为中国较为热门的国兰之一。在台湾地区已进入千家万户,用它装点室内环境和作为馈赠亲朋的主要礼仪盆花。花枝也用于插花观赏,若以墨兰为主材,配上杜鹃、麻叶绣球、紫珠、八仙花、糠稷,能展示出一幅充满活力的画面。

6)寒兰 *Cymbidium kanran* Makino,兰科兰属

【别名】冬兰。

【识别特征】多年生常绿草本植物,地生性。假鳞茎,长椭圆形。株形与建兰十分相似,但叶片较细,尤以基部为甚。叶 3 ~ 7 枚丛生,多为直立状,狭带形,全绿或附近顶有细齿,略带光泽。花葶直立,与叶等高或高出叶面,花疏生,着花 10 余朵。唇瓣三裂不明显,黄绿色带紫色斑点。该种与建兰、墨兰比较,其花被片均窄而长,花茎细,较易区别。花芳香,花期 11 月至翌年 2 月,也有 9 月开花的。

【分布习性】原产中国福建、浙江、江西、湖南、广东等地。寒兰耐寒性较差,忌热,南方栽培须置阴凉环境中管理。

【繁殖栽培】寒兰宜分株、播种繁殖等。分株繁殖多采用脱盆分株法,春秋两季均可进行,一般每隔 2 ~ 3 年分株一次。播种繁殖发芽率低,宜拌兰菌等。

【园林应用】其株形修长、形态文雅、气宇轩昂,花朵秀逸、花香浓郁而受欢迎。

图 12.13　寒兰　　　　　　　　　　图 12.14　寒兰(花)

7）虾脊兰 *Calanthe discolor* Lindl. ,兰科虾脊兰属

【别名】斑葱、九节虫、九子连环草、肉连环。

【识别特征】多年生常绿或落叶花卉。株高 40～50 cm,地生兰,具根状茎或假鳞茎,似虾脊。叶数枚,通常 3 片,叶近基生,倒披针状狭长椭圆形,少有带状或剑形的,具柄。花葶直立,从叶丛中抽出,花茎长 20～50 cm;花被片淡褐色,开展。总状花序有花 10 朵左右;唇瓣 3 裂或不裂,有距或无距,唇瓣淡紫色至红紫色或为白色,扇形。花期 3～5 月。

【分布习性】虾脊兰原产于亚洲和南非,有个别品种产于中美洲等地。喜温暖、湿润和半阴的环境,怕冷;土壤要求富含腐殖质而排水良好。

【繁殖栽培】分株繁殖。

【园林应用】虾脊兰花色有白、玫瑰红、蓝、紫等多种颜色,既有适合盆栽观赏的小型品种,也有适合露地栽培的宿根大型品种。在环境的适应性上有常绿和落叶的不同类型,可以适应中国大部分地区的栽培。用于阳台、窗台和居室内布置都有很好的效果,同时也是切花的好材料。

图 12.15　虾脊兰(花)

图 12.16　虾脊兰

8）蝴蝶兰 *Phalaenopsis aphorodite* H. G. Reichenbach ,兰科蝴蝶兰属

【别名】蝶兰。

【识别特征】多年生附生常绿草本。根扁平如带,有疣状突起。茎较短,不明显。叶近二列状丛生,披针形至矩圆形,顶端浑圆,基部具有短鞘,关节明显。花茎 1 至数枚,拱形,花苞片卵状三角形,长 3～5 mm;花大,蝶状,密生;花白色,美丽,芳香,簇生成穗状花序;花期 4—6 月。

【分布习性】主要分布于亚热带及中国台湾。喜高温、高湿、通风透气的环境;不耐涝,耐半阴环境,不耐寒,忌烈日直射,越冬温度不低于 15 ℃;要求富含腐殖质、排水好,疏松的土壤基质。

【繁殖栽培】蝴蝶兰主要采用组织培养、无菌播种繁殖等。

【园林应用】蝴蝶兰花姿优美,颜色华丽,为热带兰中的珍品,有"兰中皇后"之美誉。是国际上

流行的名贵切花花卉,也可作高档的新娘捧花的主要花材;常用于插花,作为焦点部位的重点花材应用;也可作胸花和盆栽观赏。

图 12.17　蝴蝶兰

图 12.18　蝴蝶兰(花)

9)卡特兰 Cattleya labiata Lindl.,兰科卡特兰属

【别名】加德利亚兰、卡特利亚兰。

【识别特征】多年生草本植物,附生性,具地下根茎,茎基部有气生根,假鳞茎棍棒状或圆柱状。具有拟球茎,顶端着生 1~3 片革质厚叶。花单朵或数朵排成总状花序,生于假鳞茎顶端,花大,浅紫红色,瓣缘深紫,花喉黄白色,具有紫纹,花萼与花瓣相似,唇瓣 3 裂。花期 9—12 月。

【分布习性】原产于热带美洲,哥伦比亚与巴西分布最多。多附生于森林中大树的枝干上。喜温暖、湿润、半阴的环境。生长适温 27~32 ℃。

【繁殖栽培】卡特兰以分株繁殖为主,多结合春季换盆进行。每株丛至少保留 3 个以上的假鳞茎,并带新芽。

图 12.19　卡特兰(花)

图 12.20　卡特兰

【园林应用】卡特兰是洋兰中栽培量最大、花最艳丽、并且最受世界各国人民喜爱的种类。因其花型花色千姿百态、艳丽非凡，并具有特殊的芳香，被称为"洋兰之王"，是珍贵的盆花，可悬吊观赏，还可作高档的切花材料及高雅的胸饰花。

10) 兜兰 *Cypripedium corrugatum* Franch. , 兰科兜兰属

【别名】拖鞋兰、仙履兰。

【识别特征】多年生常绿草本植物，多数地生性，或附生于岩石上。无假鳞茎，茎极短。叶基生，革质，数枚或多枚，带形、狭长圆形或狭椭圆形，绿色或带有红褐色斑纹。花葶从叶丛中抽出，花形奇特，唇瓣兜状，有白、粉、浅绿、黄、紫红及条纹和斑点等颜色。萼片特别，背萼极发达，呈扁圆形或倒心形，有些种背萼上有色彩鲜艳的花纹，更是欣赏的重点；蕊柱形状与一般兰花不同，两枚花药分别着生在蕊柱的两侧。花期11月至次年5月。

【分布习性】兜兰多主要产于亚洲热带和亚热带地区。多生于温度高、腐殖质丰富的森林中。喜半阴湿润的环境，绿色叶片的地生种较耐寒，有些高山种怕夏季高温。

【繁殖栽培】兜兰宜播种、分株繁殖。兜兰种子细小，且胚发育不全，常规方法播种发芽困难。宜于试管中用培养基在无菌条件下进行胚的培养。分株繁殖宜选有5个以上叶丛的植株进行，结合春季换盆进行。

【园林应用】花形奇特，给人清爽之感，在商业栽培中以盆花为主，是极好的高档室内盆栽观花植物，适宜放在客厅、书房及卧室中长期欣赏。

图 12.21　兜兰

图 12.22　兜兰（花）

11) 石斛兰 *Dendrobium nobile* Lindl. , 兰科石斛属

【别名】石斛、石兰、吊兰花、金钗石斛。

【识别特征】多年生草本植物，附生，常附生于树上或岩石上。假鳞茎丛生，圆柱形或稍扁，直立或下垂，少分枝，具节。叶近革质，互生，叶片矩圆形。花序着生于二年生假鳞茎上部的节上，花10朵左右，唇瓣乳黄色，唇盘上有一紫斑，十分明显。总状花序直立或下垂，花大且艳丽，白色、黄色、浅玫红、或粉红色等，许多种类具芳香。花期3—6月。

【分布习性】主要分布于亚洲热带和亚热带地区至大洋洲，我国主要分布于西南、华南、台湾等

热带、亚热带地区和秦岭以南各省,尤以云南南部为多。石斛兰多附生于树上和岩石上,生境独特,对气候环境要求十分严格。喜温凉、高湿的阴坡、半阴坡微酸性岩层峭壁上,喜光,但夏季需要遮光,冬春季稍耐干旱。

【繁殖栽培】石斛兰多采取分株、扦插和组织培养等方式进行繁殖。分株繁殖多于花后进行,确保每丛带有3~4根老枝条。扦插繁殖宜梅雨季节行嫩枝扦插。

【园林应用】石斛兰是我国古文献中最早记载的兰科植物之一。由于花形、花姿优美,艳丽多彩,种类繁多,花期长,深受各国人民喜爱和关注,在国际花卉市场上占有重要的位置。栽培上分为温带型落叶种(春石斛)和热带型常绿种(秋石斛)。春石斛的花一般生于茎节间,花期约20 d,多作为盆栽观赏。而秋石斛的花一般着生于茎顶部,花期超过1个月,主要用于切花观赏。其假鳞茎可药用。

图 12.23 石斛兰

图 12.24 石斛兰(花)

12)**万带兰** *Vanda* W. Jones ex R. Br.,**兰科万带兰属**

图 12.25 万带兰

图 12.26 万带兰(花)

【别名】万代兰、黑珊瑚。

【识别特征】多年生附生草本植物。无假鳞茎,茎攀援。叶革质,呈二列状,互生,圆柱状,端钝,肉质,深绿色,叶近带状,两列,先端具不整齐的缺刻或齿。花茎直立,总状花序腋生,着花6～10朵;花大而艳丽,有白、黄、粉红、紫红、黄褐色和天蓝等色。花期11月至翌年8月。蒴果,种子细小,数量多。

【分布习性】原产于我国华南各地,分布于海南、台湾、广东、广西和云南。喜温暖、湿润、适度遮阴的环境,不耐寒,忌炎热;喜高温,忌干燥。

【繁殖栽培】万代兰的繁殖,可于秋末切下其叶腋处不短于5 cm的高芽另行种植。注意对枝条、工具等的消毒杀菌,避免感染。

【园林应用】万代兰花期长,花大艳丽,杂交品种甚多,是盆栽观赏的佳品,尤其用于吊盆或壁挂。也可作切花。

13)台兰 *Cymbidium Floribundum* Lindl.,兰科兰属

【别名】蜜蜂兰、蒲兰、金棱边、蜂子兰、串兰、方兰、紫兰、长寿兰、岁明兰。

【识别特征】多年生,半地生性植物。台兰多丛生,具假鳞茎,叶片呈椭圆状线形,肥厚、短阔,有光泽,叶尖钝,叶脉不明显,边缘无锯齿。花茎直立,花高25～45 cm,有花15～40朵,花朵小,萼片与花瓣均短而圆,呈长卵形,唇瓣下垂反卷。花色红褐,花期为3—8月,大多无香。

【分布习性】主要分布于我国台湾、福建、浙江、江西、湖南、湖北、四川、贵州、广东、广西、云南等地。台兰喜光、耐旱,对生长环境及土壤的要求不严,多附生于阳光充沛、临水的山崖、岩石上或大树枝丫间。

【繁殖栽培】台兰多丛生、适分株繁殖,于新芽未出时进行。一般3～5苗生长健壮的假鳞茎为一丛,伤口涂抹草木灰、硫黄粉后栽植。

【园林应用】台兰叶色纯正、外形飘逸,具有较高的观赏价值和极佳的装饰、观赏作用,非常适宜园林、庭院及节假日、喜庆场合的点缀,也可摆放客厅、走廊等处作为插花置于案头、几架之上。

图12.27　台兰(花)

图12.28　台兰

参考文献

[1] 陈有民.园林树木学[M].北京:中国林业出版社,1990.

[2] 楼炉焕.观赏树木学[M].北京:中国农业出版社,1999.

[3] 龙雅宜.常见园林植物认知手册[M].北京:中国林业出版社,2011.

[4] 中国科学院植物研究所.中国高等植物图鉴[M].北京:科学出版社,1987.

[5] 北京林业大学园林系花卉教研组.花卉学[M].北京:中国林业出版社,1988.

[6] 杨先芬.花卉文化与园林观赏[M].北京:中国农业出版社,2005.

[7] 陈耀东,马欣堂,杜玉芬,等.中国水生植物[M].郑州:河南科学技术出版社,2012.

[8] 邓莉兰.西南地区园林植物识别与应用实习教程[M].北京:中国林业出版社,2009.

[9] 黄福权,陈俊贤.深圳园林植物配置艺术[M].北京:中国林业出版社,2009.

[10] 张建新,许桂芳.园林花卉[M].北京:科学出版社,2011.

[11] 赵九洲.园林树木[M].重庆:重庆大学出版社,2011.

[12] 陈春利,王明珍.花卉生产技术[M].北京:机械工业出版社,2013.

[13] 贾生平.园林树木栽培养护[M].北京:机械工业出版社,2013.

[14] 芦建国.花卉学[M].南京:东南大学出版社,2004.

[15] 徐绒娣.园林植物识别与应用[M].北京:机械工业出版社,2014.

[16] 成雅京,赵世伟,揣福文,等.仙人掌及多肉植物赏析与配景[M].北京:化学工业出版社,2008.

[17] 车代弟.园林花卉学[M].北京:中国建筑工业出版社,2009.

[18] 岳桦.园林花卉学[M].北京:高等教育出版社,2006.

[19] 江荣先,董文珂.园林景观植物花卉图典[M].北京:机械工业出版社,2009.

[20] 吴棣飞,尤志勉.常见园林植物识别图鉴[M].重庆:重庆大学出版社,2010.

[21] 王意成.仙人掌及多浆植物养护与欣赏[M].南京:江苏科学技术出版社,2001.

[22] 薛聪贤.球根花卉·多肉植物150种[M].郑州:河南科学技术出版社,2000.

[23] 王世动.园林植物[M].北京:中国建筑工业出版社,2008.

[24] 李金苹.草本观赏植物[M].北京:化学工业出版社,2012.

[25] 彭东辉.园林景观花卉学[M].北京:机械工业出版社,2007.

[26] 齐海鹰.园林树木与花卉[M].北京:机械工业出版社,2008.

[27] 熊济华.观赏树木学[M].北京:中国农业出版社,1996.

［28］李德铢.中国维管植物科属志［M］.北京:科学出版社,2020.

［29］罗斯·贝顿.英国皇家园艺学会植物分类指南［M］.北京:外语教学与研究出版社,2020.

［30］中国科学院中国植物志编辑委员会.中国植物志(全文电子版)［M］.北京:科学出版社,2020.

［31］周云龙.华南常见园林植物图鉴［M］.2 版.北京:高等教育出版社,2018.

［32］马金双,李惠茹.中国外来入侵植物名录［M］.北京:高等教育出版社,2018.